城市水体环境及其治理：案例分析

黄民生　马明海　主编
曹承进　韩　莉　刘素芳　何　岩　参编

中国建筑工业出版社

图书在版编目（CIP）数据

城市水体环境及其治理：案例分析／黄民生，马
明海主编；曹承进等参编．—北京：中国建筑工业
出版社，2017.2
ISBN 978-7-112-20041-2

Ⅰ.① 城… Ⅱ.① 黄… ② 马… ③ 曹… Ⅲ.① 城
市环境–水环境–环境保护–中国 Ⅳ.① X321.2

中国版本图书馆CIP数据核字（2016）第260468号

本书以作者课题组15年来的工作为主线，重点介绍和分析我国长三角地区六条城市河道、两个城市湖泊水体环境及其治理的研究与实践成果。本书主要突出方法和经验两方面的内容。

本书可作为高校建筑、环境、生态、水利、疾控等相关学科的研究生教学参考书，对从事城市水体环境治理规划、设计、建设和项目管理人员也具有一定的参考价值。

责任编辑：刘爱灵
责任校对：王宇枢　刘梦然

城市水体环境及其治理：案例分析
黄民生　马明海　主编
曹承进　韩　莉　刘素芳　何　岩　参编
*
中国建筑工业出版社出版、发行（北京海淀三里河路9号）
各地新华书店、建筑书店经销
北京锋尚制版有限公司制版
北京圣夫亚美印刷有限公司印刷
*
开本：787×1092毫米　1/16　印张：13¼　插页：12　字数：260千字
2016年12月第一版　　2016年12月第一次印刷
定价：68.00元
ISBN 978-7-112-20041-2
（29436）

前　言

城市水体是城市生态系统的重要组成部分，是城市建设和发展的资源与载体。城市水体主要包括城市河道和城市湖泊，因它们处于城市之内，故又称为城市内河和城市内湖。体量小但人工化程度高是城市水体的特点之一，景观功能为主是城市水体的特点之二，易受污染、生态脆弱是城市水体的特点之三，河湖水文特征模糊是城市水体的特点之四。

近30年来，在我国快速城市化及其社会经济发展过程中，众多的城市水体遭到了严重的环境污染和生态破坏，黑臭及富营养化等次生环境生态灾害频发。同时，城市水体也是蚊虫的重要孳生地，其水环境、水生态的变化势必影响蚊虫的生长繁殖以及蚊媒传染病风险。因此，城市水体环境治理已成为我国面临的紧迫任务。

在国家科技重大专项（2009ZX07317006、2013ZX07310001、2014ZX07101012）、国家自然科学基金项目（51278192、41001347、41101471）、上海市科技项目（11XD1402100、14cxy09、1223120190、10JC1404300、普人才2014-A-18）等的共同资助下，本书从我国城市水体环境治理的急迫需要出发，以作者课题组15年来的工作为基础，借鉴中医"科学诊断、辨证施治、因人而异"的理论和方法，重点介绍和分析我国长三角地区的上海市丽娃河、工业河、樱桃河和杭州市龙泓涧与温州市的九山外河、山下河等六条城市河道以及上海市滴水湖、银锄湖两个城市湖泊的环境及其治理研究与实践成果，突出背景调查、问题剖析、原理诠释、技术方案与工程实施、治理效果与跟踪评价等内容，以期为我国城市水体的污染控制、环境治理与生态修复及病媒生物防治提供参考与借鉴。

本书由黄民生、马明海主编，曹承进、韩莉、刘素芳、何岩参编。第1章、第2章、第3章、第5章、第6章、第9章由马明海、黄民生编写，第4章由韩莉、刘素芳、黄民生编写，第7章、第8章由曹承进、黄民生、何岩编写，附录由黄民生、马明海编写。全书由黄民生统稿。本书编写的素材大多数取自于黄民生课题组师生的科研成果，同时也吸纳了华东师范大学多名教授课题组的科研成果，为此一并致谢。

因编写人员的能力和水平有限，书中不足之处在所难免，敬请读者批评指正。

编　者
2016年8月于上海

目　　录

第1章 上海市丽娃河环境及其治理

1.1 区域与水体概况

丽娃河地处华东师范大学中山北路校区的校园内,曾为苏州河的一条支流,后因苏州河沿岸住宅和道路建设,丽娃河与苏州河之间的自然连通被人为阻断,使得两者之间仅由一条涵管及排涝泵站联系,丽娃河也随之成了华东师范大学校园的内河(黄民生,2005;2010)。

丽娃河分为丽娃河和赤水河两个部分(图1.1),其中,丽娃河长约706 m、宽22~43 m、水深0.5~2.5 m(平均1.69 m)、水面积约23 533 m^2、槽蓄容量约39 756 m^3,赤水河长约373 m、宽12~29 m、水深0.5~1.2 m(平均0.79 m)、水面积约5 700 m^2、槽蓄容量约4 498 m^3。

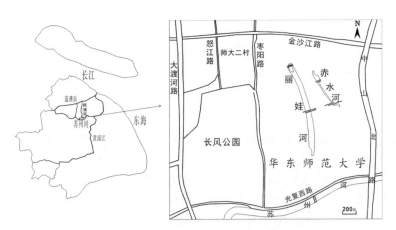

图1.1 丽娃河地理区位及周边概况

丽娃河水质原本十分清洁,加上华东师范大学有"花园大学"之美誉,美丽的丽娃河及其滨岸带为师生提供了一个十分美好的学习、工作和生活环境。许多文人墨客用优美的文字记录了丽娃河之美。著名作家茅盾先生在《子夜》中写道:"不少正值青春妙龄的姑娘,享受着五四以后新得到的自由,跳着独步舞、探戈舞,唱着丽娃栗姐歌……"。作家李颉在他的小说《丽娃河》中这样写道:"在我离开学校之前,几乎天天早晨跑到河边对着河水,坐在河岸边的草地上静心,打坐……"。诗人宋琳离开华东师范大学并定居巴黎数年之后，在给朋友的信中，这样写道："如果这世上真有所谓天堂的话，那就是师大丽娃河边的一草一木，一沙一石……"（郭为禄，2001）。

从20世纪90年代后的十几年间，因自净能力弱的"先天不足"和过量纳污的"后天失调"，造成了丽娃河较严重的水质恶化和生态退化，为改善丽娃河生态环境，在教育部和上海市水务局等的共同资助下，华东师范大学于2004~2005年对丽娃河开展了综合整治。

1.2　背景调查与分析

2002~2004年期间，华东师范大学环境科学系、生物系等相关院系的师生对治理前的丽娃河开展了较系统的背景调查，如下按照污染源、水文、桥涵和护岸、水质、底质、生物（微生物、浮游生物、底栖动物）的顺序分别介绍调查结果，并在此基础上分析治理前丽娃河环境污染和生态退化的成因（华东师范大学环境科学系，2003）。

1.2.1　污染源

华东师范大学中山北路校园的排水涉及两个排水系统，即华师大排水系统和曹家巷排水系统。

1. 华师大排水系统

华师大排水系统是合流制排水系统，服务范围：东自中山北路，西至长风公园西侧围墙，南至苏州河北岸，北至金沙江路，汇水面积约111 hm²。该排水系统内建有华师大排水泵站1座，位于枣阳路与光复西路的交叉处。泵站内配置20ZLB-70轴流泵2台（0.62 m³/s、7.0 m、55 kW；1.5 m³/s、7.3 m、155 kW），雨水出流至苏州河。金沙江路上有φ300~φ600地区污水管道，由西向东接至中山北路；枣阳路上有φ300污水管道（已于2009年扩建至φ800），由南向北接至金沙江路。

2. 曹家巷排水系统

曹家巷排水系统为合流制排水系统，服务范围：东自原沪杭铁路（现为三号线轻轨），西至中山北路西，南至苏州河北岸，北至金沙江路，汇水面积约24 hm²。该排水系统内的主要道路（中山北路）下从北至南敷设了2-φ1000~φ1050排水管道，建有曹家巷雨水泵站和曹家巷截流泵站。其中，曹家巷雨水泵站位于中山北路与光复西路的交叉处，内设ZLB0.6-6.3轴流泵2台（0.6 m³/s、6.3 m、55 kW），雨水出流至苏州河；曹家巷截流泵站位于中山北路西侧，光复西路北约50 m，系合流一期工程时建设，内设6MFC-11B污水泵3台（2用1备，每台泵流量为0.085 m³/s，扬程12.4 m，功率15 kW），旱流污水及初期雨水截流进入中山北路下φ1800污水截流管内。

在华东师范大学中山北路校区的校园内，排水管管径为DN300~DN800，有污水管、雨水管和合流管三种类型，主要分布在华夏路、共青路、光华路、夏雨路等道路下面。其中，华师大一村居民区和光华路以东地区为合流制，其余地区采用分流制。丽娃河南端有一条φ600合流管道通向华师大排水泵站，出口装有闸

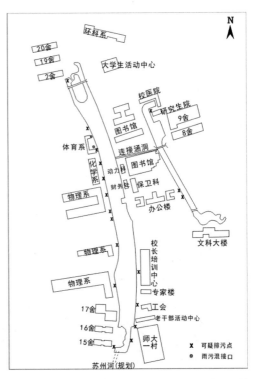

图1.2　治理前丽娃河排污口分布（2003年10月）

门。当河道水位较高时，闸门便开启，向华师大排水泵站泄水，赤水河南端有一翻水泵站，流量为0.18 m³/s，泵站φ800出水管通向曹家巷雨水泵站。丽娃河与赤水河之间有一条φ800涵管相通，以平衡两河水位和便于排涝。

图1.2和表1.1是2003年10月份对治理前丽娃河主要排污口的分布及排污情况的调查结果。

治理前丽娃河排污口调查结果（2003年10月）　　　　　　表1.1

编号	河道	位置	调查结果
1	丽娃河	西岸，留学生大楼与十五宿舍之间	餐厅污水管破损，连续排放、量较大
2	丽娃河	东岸，师大一村	居民区污水管直排，间歇排放、量中等
3	丽娃河	东岸，师大一村风雨操场	居民区污水管破损，间歇排放、量中等
4	丽娃河	西岸，物理馆	实验室污水混接到雨水管，间歇排放、量中等
5	丽娃河	东岸，校长培训中心	餐厅污水管破损，间歇排放、量中等
6	丽娃河	西岸，数学馆	实验室污水混接到雨水管（乳白色污水），间歇排放、量大
7	丽娃河	西岸，化学馆	实验室污水混接到雨水管，间歇排放、量较小
8	丽娃河	西岸，化学馆	实验室污水混接到雨水管，间歇排放、量较小

续表

编号	河道	位置	调查结果
9	丽娃河	西岸，化学馆	卫生间污水混接到雨水管，间歇排放、量较小
10	丽娃河	西岸，化学系中试实验室	实验室污水管破损，间歇排放、量较小
11	丽娃河	西岸，化学系中试实验室	实验室污水混接到雨水管，间歇排放、量较小
12	丽娃河	东岸，保卫处北侧	污水混接到雨水管，间歇排放、量中等
13	丽娃河	西岸，体育系	办公楼污水管破损，间歇排放、量较大
14	丽娃河	西岸，体育系	办公楼污水管破损，间歇排放、量较小
15	丽娃河	西岸，体育系北侧复印室	洗涤废水直排，间歇排放、量较小
16	丽娃河	西岸，夏雨岛	学生宿舍化粪池污水混接到雨水管，连续排放、量很大
17	赤水河	东岸，研究生院	洗涤废水直排，间歇排放、量较小
18	赤水河	西岸，校办公楼	污水管破损，间歇排放、量较小
19	赤水河	西岸，校办公楼	污水管破损，间歇排放、量较小
20	赤水河	东岸，体育馆西侧的荷花池内	污水管破损，间歇排放、量中等

由调查结果可知：治理前丽娃河沿岸有20个排污口，其中排污量中到大的有9个，且主要集中在丽娃河西岸。污水来源有办公楼、实验室和学生宿舍等，排污方式以管破损泄漏、雨污混接为主。

1.2.2　水文

2003年10月在丽娃河和赤水河一共布设了7个水文测量断面，其中丽娃河上布设了夏雨岛桥、体育系、华夏路桥和物理系4个断面，赤水河布设了八舍、华夏路桥和荷花池3个断面。主要水文调查结果如图1.3、图1.4及表1.2~表1.4所示。

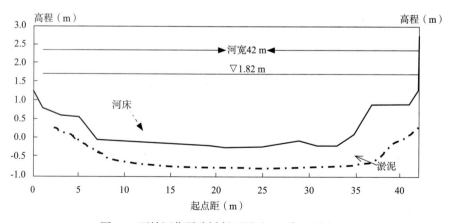

图1.3　丽娃河华夏路桥断面图（2003年10月）

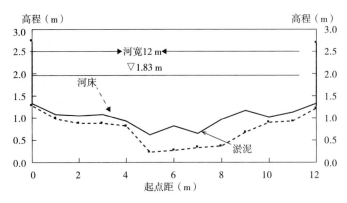

图1.4 赤水河华夏路桥断面图（2003年10月）

丽娃河华夏路桥断面情况（2003年10月） 单位：m 表1.2

起点距	0	0	1	3	5	7	9	11	13
河底高程	2.69	1.26	0.81	0.62	0.56	−0.05	−0.08	−0.13	−0.15
起点距	15	17	19	21	23	25	27	29	31
河底高程	−0.16	−0.18	−0.18	−0.23	−0.22	−0.2	−0.15	−0.08	−0.18
起点距	33	35	37	39	41	42	42		
河底高程	−0.18	0.12	0.92	0.92	0.92	1.31	2.73		

赤水河华夏路桥断面情况（2003年10月） 单位：m 表1.3

起点距	0	0	1	2	3	4	5	6	7
河底高程	2.73	1.33	1.08	1.05	1.08	0.93	0.62	0.82	0.65
起点距	8	9	10	11	12	12			
河底高程	0.97	1.17	1.02	1.13	1.33	2.69			

丽娃河、赤水河基本水文情况汇总（2003年10月） 表1.4

	河道中心线长（m）	岸线长度（m）	平均河宽（m）	河道面积（m²）	河底最低高程（m）	平均水深（m）	边坡比	测时水位（m）	槽蓄量（m³）
丽娃河	706	1635	34	23533	−0.48	1.69	1:1	1.82	39756
赤水河	373	804	15	5700	0.62	0.79	1:1	1.83	4498

注："高程"为吴淞高程

1.2.3 桥涵和护岸

丽娃河和赤水河有大小桥梁5座，其中，丽娃河3座（华夏路1座-丽虹桥，夏雨岛2座）、赤水河2座。丽虹桥（彩图1.1 丽娃河丽虹桥）是丽娃河的主要桥梁。

治理前，丽娃河与赤水河之间通过 φ800 mm 涵管连接，无闸门控制；丽娃河与苏州河之间通过 φ1 000 mm 涵管连接，有闸门和排涝泵控制（设 350ZLB 62 型轴流泵 1 台，648 m³/h、2.84 m、15 kW）。

丽娃河及赤水河护岸大多是浆砌块石护岸，丽娃河西侧体育系附近河段为混凝土护岸（约 50 m 长），只有夏雨岛、留学生大楼、荷花池等少数区域为堆石型护岸。

从现场踏勘调查情况分析，除 2002 年新建护岸（丽娃河西岸从体育系到化学系，赤水河东岸从华夏路桥到八舍、西岸从卫生科到图书馆）外，大部分河段的浆砌块石护岸已经破损较严重，急需加固、修建。

1.2.4　水质

对治理前的丽娃河和赤水河水质进行了监测，监测点位分布见图 1.5，监测结果见表 1.5~表 1.8。

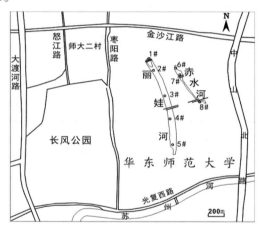

图 1.5　丽娃河水质采样点分布

治理前丽娃河水质（2002 年 4 月 23 日 13:00 ~ 15:00）					表 1.5
样点	WT（℃）	SD（cm）	DO（mg/L）	COD_{Mn}（mg/L）	NH_4^+-N（mg/L）	TP（mg/L）
2#	14.9	62	0.58	18.46	6.97	1.37
4#	15.4	72	11.33	16.38	7.47	1.29
6#	14.8	67	3.54	24.30	2.30	1.63
7#	14.6	70	4.24	13.98	2.05	1.41

治理前丽娃河水质（2003 年 8 月 11 日 14:00 ~ 15:00）					表 1.6
样点	WT（℃）	pH	DO（mg/L）	SD（cm）	NH_4^+-N（mg/L）	DP（mg/L）	Chla（μg/L）
2#	28.7	8.90	9.20	31	3.09	0.86	209.14

续表

样点	WT（℃）	pH	DO（mg/L）	SD（cm）	NH_4^+-N（mg/L）	DP（mg/L）	Chla（μg/L）
3#	29.1	9.18	13.13	26	1.97	0.66	311.68
4#	29.4	9.27	14.50	21	2.03	0.73	408.35
5#	29.5	9.40	17.45	20	1.45	0.74	501.06
7#	28.6	9.06	13.00	25	4.59	0.68	324.32

治理前丽娃河水质（2003年10月5日8:00～11:00）　　　　　表1.7

样点	DO（mg/L）	SD（cm）	COD_{Cr}（mg/L）	COD_{Mn}（mg/L）	BOD_5（mg/L）	TN（mg/L）	NH_4^+-N（mg/L）	NO_2^--N（mg/L）	NO_3^--N（mg/L）	TP（mg/L）	DP（mg/L）	Chla（μg/L）
1#	0.8	40	98.4	20.28	23.61	26.76	18.24	0.0182	0.0769	2.17	1.53	0.95
2#	0.5	35	57.7	12.84	6.21	11.59	9.58	0.0081	0.0699	1.24	1.04	70.55
3#	2.6	50	61.5	12.59	5.87	11.01	7.82	0.0054	0.0798	1.16	0.89	113.47
4#	2.7	50	53.8	13.37	6.27	11.08	7.62	0.0061	0.0748	1.12	0.89	120.74
5#	5.0	50	61.5	13.37	3.74	10.41	7.23	0.0054	0.0586	1.07	0.89	153.34
6#	4.1	45	38.5	14.21	4.30	6.57	3.58	0.0034	0.0642	0.81	0.59	133.89
7#	4.0	55	46.2	12.31	1.95	5.90	3.45	0.004	0.0727	0.68	0.48	127.36
8#	4.3	27	53.8	17.37	3.77	7.37	3.00	0.0101	0.0508	0.77	0.48	267.87

注：Chla（叶绿素a）是表征和评价水体富营养化及浮游植物的指标，TN（总氮）是地表水环境质量标准（GB3838-2002）中评价湖、库水质的指标，SD（透明度）是评价水体景观质量的特征指标，但因城市水体均具有缓流特点且以景观功能为主，故在本书中，将Chla、TN和SD一并纳入到水质监测及其结果分析。

治理前丽娃河水质（2003年12月6日9:30～11:00）　　　　　表1.8

样点	WT（℃）	pH	DO（mg/L）	SD（cm）	COD_{Mn}（mg/L）	TN（mg/L）	TP（mg/L）	DP（mg/L）
1#	11.4	7.75	4.1	40	13.99	20.20	0.98	0.94
2#	10.8	8.25	9.3	48	12.44	13.16	0.56	0.52
3#	10.9	8.35	10.4	50	12.33	13.40	0.54	0.51
4#	11.1	8.31	10.1	44	12.66	16.46	0.54	0.51
5#	11	8.3	10.6	41	13.55	15.73	0.58	0.54
6#	10.3	7.77	7.1	50	12.00	8.26	0.38	0.34
7#	10.2	7.75	8.1	50	11.34	7.34	0.34	0.39
8#	10.5	7.45	4.8	45	13.55	9.06	0.56	0.33

由表1.5～表1.8分析可得出如下结论：

（1）治理前的丽娃河和赤水河属于典型的富营养化水体，水质污染突出表现在N、P污染，NH_4^+-N和TP的最高浓度是地表水V类标准限值（河流）的9倍和5

倍，TN、TP最高浓度为地表水Ⅴ类标准限值（湖库）的13倍、10倍，叶绿素a最高浓度是富营养化水体（湖库）临界值的25倍。

（2）夏秋季节午后表层水的pH值、叶绿素a和溶解氧含量最高分别达到9.40 μg/L、501.06 μg/L和17.45 mg/L，表明浮游藻类大量滋生（彩图1.2　治理前富营养化的丽娃河）。

（3）治理前的丽娃河和赤水河中的磷以溶解态磷为主，氮的存在形态则以氨氮为主，硝酸盐氮含量极少，表明两条河均存在较多的外源性污染输入，其中，个别水样（1#点）的COD_{Cr}浓度近100 mg/L，而DO仅为0.8 mg/L，由生活污水直排所致。

1.2.5　底质

对治理前的丽娃河底泥进行了采集与分析，结果见表1.9~表1.11。

治理前丽娃河底质柱状样及剖面描述（2003年10月8、9日）　　　　　表1.9

	采样点	样号	柱状样长度（m）	剖面描述
丽娃河	1号	LW1-1 （中部）	1.80	0~0.10 m　浮泥层 0.10~0.70 m　淤泥层 0.70~1.10 m　深灰色泥质砂层 1.10~1.80 m　浅灰色砂层
	2号	LW2-1 （中部）	1.80	0~0.40 m　浮泥层 0.40~1.10 m　淤泥层 1.10~1.50 m　较深灰色泥质砂层 1.50~1.80 m　浅灰色砂层
		LW2-2 （东岸）		表层较厚浮泥，下为砂
		LW2-3 （西岸）	2.00	0~0.40 m　浮泥层 0.40~1.50 m　淤泥层 1.50~2.00 m　浅灰色砂层
	3号	LW3-1 （中部）	0.30	淤泥，以下为砂
		LW3-2 （东岸）	1.80	0~0.20 m　浮泥层 0.20~0.80 m　淤泥层 0.80~1.1 m　深灰色泥质砂层 1.10~1.40 m　浅灰色粉砂层 1.40~1.80 m　深灰色粉砂层
		LW3-3 （西岸）	0.75	0~0.30 m　淤泥层 0.30~0.75 m　浅灰色粉砂层

续表

采样点		样号	柱状样长度（m）	剖面描述
丽娃河	4号	LW4-1 （中部）	1.00	0～0.30 m　浮泥层 0.30～1.00 m　灰色砂层
		LW4-2 （东岸）	1.30m	0～0.20 m　浮泥层 0.20～0.43 m　淤泥层 0.43～0.65 m　深灰色粉砂层 0.65～1.30 m　浅灰色粉砂层
	5号	LW5-1 （中部）	1.50	0～0.35 m　浮泥层 0.35～0.60 m　淤泥层 0.60～1.20 m　深灰色泥质粉砂层 1.20～1.50 m　浅灰色粉砂层
		LW5-2 （东岸）	2.00	0～0.40 m　浮泥层 0.40～0.95 m　淤泥层 0.95～1.50 m　软质浅灰色泥质砂层 1.50～2.00 m　浅灰色粉砂层
赤水河	6号	LW6-1 （中部）	1.50	0～0.1 m　浮泥层 0.10～0.60 m　淤泥层 0.60～0.70 m　石砂层 0.70～1.50 m　浅灰色粉砂层
	7号	L W7-1 （中部）	2.00	0～0.40 m　浮泥层 0.40～1.20 m　淤泥层 1.20～1.60 m　深灰色粉砂层 1.60～2.00 m　浅灰色粉砂层
	8号	LW8-1 （中部）	2.00	0～0.75 m　淤泥层 0.75～1.10 m　深灰色泥质砂层 1.10～2.00 m　浅灰色粉砂层

治理前丽娃河底泥淤积厚度及总量（2003年10月）　　表1.10

河道	浮泥层厚度 （最大/平均，m）	淤积层厚度 （最大/平均，m）	浮泥量 （m³）	淤泥量 （m³）
丽娃河	0.40/0.33	1.10/0.55	3 230	7 331
赤水河	0.40/0.25	0.80/0.60	700	1 678

治理前丽娃河底泥理化指标及重金属含量监测结果　　表1.11
（除含水率、有机质外，其他指标的单位均为mg/kg，2003年10月）

样点	含水率 （%）	有机质 （%）	P	N	Fe	Cu	Mn	Hg	Pb	Cr	Cd	As	Se	Zn
1#	80.22	16.3	2442	900	21280	101.2	426.9	1.066	252.9	83.77	0.9213	12.99	8.745	703.4
2#	66.63	8.06	1260	3700	26910	136.1	591.9	1.406	88.19	45.44	未检出	16.84	1.304	401.1

续表

样点	含水率（%）	有机质（%）	P	N	Fe	Cu	Mn	Hg	Pb	Cr	Cd	As	Se	Zn
3#	70.47	8.48	1368	3000	24440	246.5	510.4	2.221	78.90	45.07	1.052	24.34	2.401	525.8
4#	70.66	9.56	1360	6400	26510	262.6	556.1	2.953	84.33	48.24	1.314	26.93	3.904	564.2
5#	67.78	9.41	1450	3400	25150	108.7	483.7	0.8615	74.74	34.58	0.3208	16.94	2.596	451.9
6#	71.13	11.6	2281	4100	24510	139.1	470.3	0.2690	67.05	31.09	0.0091	17.51	2.306	568.7
7#	56.54	7.49	1445	3700	24630	121.7	484.8	0.6553	82.05	40.64	0.6438	11.17	2.161	375.0
8#	49.90	5.55	891.1	2200	24130	42.16	452.8	0.3501	63.16	28.43	0.1809	6.901	1.210	288.0

由底质监测结果（表1.9~表1.11）分析可知：治理前丽娃河底泥淤积严重，最大淤积厚度为1.20 m，淤积总量约9 000 m³，约占河道槽蓄量的20%；底泥中重金属污染并不严重，只有少数样点浮泥层中Zn和Cd含量超过土壤环境质量标准；底泥中N、P含量高。

1.2.6　生物

1. 微生物调查

分别采用稀释平板法和MPN多管法对治理前丽娃河水体和底泥中的异养细菌和大肠菌群数量（陈金霞和徐亚同，2002；史家樑等，1999）。

治理前丽娃河中异养细菌和大肠菌群总数分析结果（2003年10月5日）　表1.12

样点	异养细菌		大肠菌群	
	水样（个/mL）	泥样（个/g）	水样（个/mL）	泥样（个/g）
1号	4.4×10^5	2.2×10^6	2.5×10^5	1.3×10^6
2号	1.4×10^5	3.3×10^6	2.5×10^4	1.3×10^6
3号	2.4×10^4	2.6×10^6	2.5×10^3	8.5×10^5
4号	4.0×10^5	6.1×10^6	2.5×10^4	8.5×10^5
5号	1.8×10^4	2.8×10^6	9.5×10^3	1.4×10^6
6号	3.0×10^3	5.9×10^5	2.5×10^4	1.6×10^5
7号	1.3×10^4	1.4×10^6	9.0×10^2	3.5×10^5
8号	7.0×10^4	2.0×10^5	2.5×10^4	5.0×10^5

2. 浮游生物和底栖动物调查

对治理前丽娃河的浮游生物和底栖动物种类及数量进行了分析，结果见表1.13。

治理前丽娃河浮游生物和底栖动物调查结果（2003年10月5日）　　表1.13

样点	浮游植物		浮游动物		底栖动物
	种数	优势种	种数	优势种	
1号	6种	颤藻、螺旋藻	6	蚤、轮虫	无
2号	8种	颤藻、螺旋藻	3	蚤、轮虫	1种，环棱螺，死亡
3号	6种	颤藻、螺旋藻	2	蚤、轮虫	1种，环棱螺，死亡
4号	11种	颤藻、螺旋藻	2	蚤、轮虫	1种，环棱螺，死亡
5号	6种	颤藻、螺旋藻	3	蚤、轮虫	3种，环棱螺、扁卷螺、萝卜螺
6号	12种	颤藻、螺旋藻	4	蚤、轮虫	1种，环棱螺，死亡
7号	9种	颤藻、螺旋藻	2	蚤、轮虫	无
8号	16种	颤藻、螺旋藻	3	蚤、轮虫	1种，环棱螺，死亡

由表1.12、表1.13监测结果分析可知：治理前丽娃河受生活污水排放的影响，水样和泥样中异养细菌和大肠菌群较多，卫生质量较差，8个监测点位的底泥中的异养细菌和大肠菌群数量均比河水中相应的细菌数量多出1~2个数量级；水样中浮游植物以蓝藻门藻类为主，浮游动物和底栖动物种数少，且底栖动物大部分已死亡，说明治理前水体生境较差、生态退化严重。

1.2.7　水环境恶化成因分析

根据水体背景调查结果，分析了治理前丽娃河环境污染和生态退化的成因，如图1.6所示。

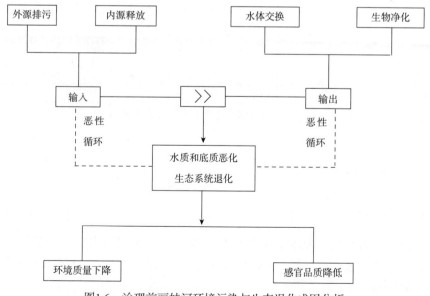

图1.6　治理前丽娃河环境污染与生态退化成因分析

1.3 治理方案与工程实施

1.3.1 治理方案

以上述背景调查和成因分析为基础，编制了丽娃河综合整治工程治理方案（图1.7），并于2004~2005年开展了丽娃河综合整治工程，内容包括：外源截污、内源疏浚、护岸改建、水力循环、强化净化、生态重建等（黄民生，2005）。

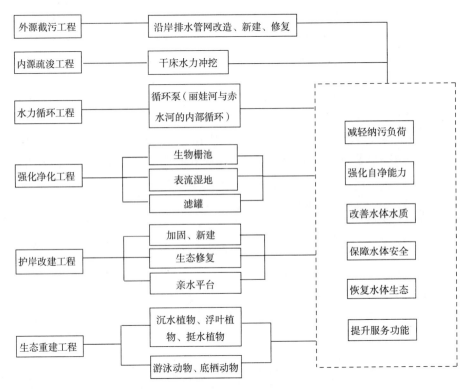

图1.7 丽娃河综合装置工程治理方案框图

1.3.2 工程实施

1. 外源截污

本阶段外源截污工程在2002年华东师范大学校园内排水管网改造基础上进行，除新建部分管道外，加强对破损和混接管道的修复。其中，新建排水管道的情况如表1.14所示。

丽娃河沿岸新建排水管道（2004年）					表1.14
管径（mm）	管长（m）	埋深（m）	管材	管道基础	管道接口
DN300	300	1.10~2.20	硬聚氯乙烯（UPVC）加筋管	碎石或砾石砂	"T"型橡胶圈
DN400	260	1.30~2.50	玻璃钢夹砂管	碎石或砾石砂	双"O"型橡胶圈

2. 内源疏浚

考虑内源污染清除、槽蓄量增容以及施工安全等多方面因素，经比较和论证，采用干床水力冲挖清淤疏浚工艺，如图1.8所示。

图1.8　内源疏浚工艺流程

采用4PL-250型水力冲挖机组进行疏浚（彩图1.3　丽娃河底泥疏浚），施工时用围堰隔出部分河段作为泥浆浓缩池。

3. 护岸改建

（1）新建护岸

对损坏严重且有滑移趋势的护岸段，采取拆除重建，断面形式为浆砌块石重力式结构。墙身及压顶采用浆砌块石，基础为钢筋混凝土基础，底部设防滑齿键，基础底标高0.00 m，压顶标高2.60 m，墙后采用间隔土回填，顶部0.6 m厚采用黏土回填，上面种植绿化。

（2）护岸加固

考虑到底泥疏浚时，可能引起部分护岸失稳，因此对护岸进行加固，即距护岸的临水侧1.0 m处打一排φ200杉木木桩，间距1 m、桩长5 m，在木桩与护岸之间抛石挤淤。

（3）生态护岸

丽娃河近岸建筑和道路较多，滨岸带的改造空间十分有限。为此，对有改造空间的部分岸段（丽娃河东岸的专家楼到师大一村风雨操场段）改成土壤斜坡，并在岸坡上种植水生和湿生植物（彩图1.4　丽娃河生态护岸）。

（4）亲水平台

在丽娃河新建亲水平台2处（体育系北侧，校长培训中心西侧），总面积430 m²，采用C25钢筋混凝土结构，顶板为梁、板体系，基础为柱下条形基础。另外，还对丽娃河夏雨岛上观景亭（原为复印室）和丽虹桥北侧的水榭亭（彩图1.5 丽娃河亲水平台）进行改造，并拆除射击馆、打通沿岸景观步道。

4. 水力循环

该工程的实施目的是通过建设水力循环系统，优化丽娃河水体的动力条件、提高水体自净能力。具体实施办法为：分别在丽娃河和赤水河南北两端新建连通涵管，并在丽娃河南端建设循环泵站，使得两条河道呈环形循环。利用循环泵站的出水作为生物栅池和表流湿地的进水，节约提水能耗。

水力循环工程的主体设施为管道和泵站。其中，循环管道北端从丽娃河夏雨岛起，由西向东敷设DN600玻璃钢夹砂管，至育才路后向南接入赤水河北端。循环管道南端从赤水河荷花池起，由东向西南敷设DN600玻璃钢夹砂管（师大一村河段采用现浇钢筋混凝土箱涵），接入循环泵站进水闸门井。循环管道工程量为：DN600玻璃钢夹砂管长871 m、埋深1.10~2.30 m，DN800玻璃钢夹砂管长270 m、埋深1.80~2.00 m。循环泵站内潜水离心泵流量为306 m³/h、扬程为3.57 m、转速为730 r/min，2台（1用1备），单机功率为5.5 kW。循环泵站为地下式，立面造型与周边景观相协调，其内配置有配电柜、闸门、格栅、电动葫芦等。

5. 强化净化

该工程的实施目的是快速净化丽娃河和赤水河水质，以便预防水体富营养化和促进水生生态恢复。工程内容有三部分：生物栅池、表流湿地、滤罐。该工程建设地点在丽娃河南端，进水为循环泵站出水。

（1）生物栅池

生物栅池（彩图1.6 丽娃河生物栅池）长8 m、宽6 m（分2格）、深4 m，设计处理水量为100 t/d（HRT约4 h），为半地下式现浇钢筋混凝土结构，池内充填球形悬浮填料（直径10 cm，充填率为80%），采用鼓风机曝气充氧。因该生物栅池紧靠师大一村居民区和留学生宿舍，故池顶采用绿化覆盖（塑料格栅+轻质土+草本植物），并将鼓风机置于地下，以便减少臭气和噪声的污染（金承翔，2006）。

（2）表流湿地

生物栅池出水经穿孔钢管（其上方堆积有卵石）布水后进入表流湿地（彩图1.7 丽娃河表流湿地）。该表流湿地为阶梯型布置，水流在分级跌落中被进一步净化。湿地内栽种香菇草、再力花等植物。

（3）滤罐

该滤罐作为河水强化净化的备用设施，为水质改善和生态恢复提供"双保险"，其设计处理水量为150 m³/h，内部充填具有高效净化作用的滤料（沸石、硅藻土等），对河水中氮磷的去除率约为15%~30%。

6. 生态重建

（1）沉水植物

按80%河床面积率计，种植沉水植物总面积约23 390 m²。平均种植密度5苑/m²，分阶段多次种植。暖季种沉水植物为黑藻、苦草、眼子菜等，冷季种沉水植物有菹草、黄丝草、伊乐藻、金鱼藻等（彩图1.8 丽娃河沉水植物）。

（2）挺水植物

在比较适宜的河岸边（卫生科附近、体育系门前、亲水平台两侧、夏雨岛南端、留学生大楼附近）种植菖蒲、香蒲、再力花、荷花等挺水植物（彩图1.9 丽娃河挺水植物），分点丛种植，每点丛种植5~10苑，种点丛数约48个。

（3）浮叶植物

河道内设置水下花坛并种植优质睡莲等浮叶植物（彩图1.10 丽娃河浮叶植物）。花坛深0.6 m、内径1 m，干床疏浚后用砖石砌筑。每坛种植优质品种睡莲3苑。丽娃河水下花坛沿两岸布置，共计6个。每个花坛种植一个品种，不同品种间隔排列。

（4）水生动物放养

放养品种有鳊、鲢、鲫、鲤、鲴及本地螺等。其中，鳊鱼年投放约600尾，投放规格为25~50 g/条；鲢鱼年投放量约1 800尾，投放规格为70~80 g/条；其他鱼种搭配年投放8 000~10 000尾，投放规格为5~30 g/条；螺投放约2万只。

1.4　治理效果

丽娃河综合整治工程于2004年初开始实施，于2005年初全部完工。水质和生态监测结果表明，该工程实现了预期目标。

1.4.1　感官

治理后，丽娃河与赤水河的季节性藻华及其引发的腥臭问题得到彻底解决，河水常年清澈见底。

1.4.2 水质

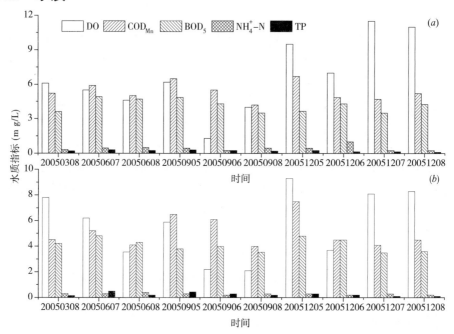

图1.9 治理后丽娃河水质变化趋势（2005年）
（a）丽娃河华夏路桥断面；（b）赤水河华夏路桥断面

由图1.9分析可知：治理后的当年（2005年），丽娃河和赤水河水质获得显著改善，其中，DO含量提高到4~8 mg/L（个别时间除外），COD_{Mn}、BOD_5、NH_4^+-N和TP浓度分别降低到4~7 mg/L、3~5 mg/L、0.5~1 mg/L、0.1~0.5 mg/L。与治理前相比，河水中COD_{Mn}、BOD_5、NH_4^+-N、TP浓度平均约降低了2~3倍、1~2倍、6~7倍、2~3倍。

1.4.3 水生态

1. 高等植物群落分布面积和生物量

（1）高等植物群落分布面积

与水生植物重建初期相比，至2008年菹草、荷花、金鱼藻面积分别扩大了96%、100%、84%；睡莲、芦竹、千屈菜和灯芯草生长面积基本未变；水浅、底质较好的河段苦草密度有所增加。在分布面积较大的植物中，菹草、苦草、金鱼藻、荷花、睡莲分别占水体总面积的8.0%、5.7%、3.1%、6.8%、2.6%。其中，沉水植物占16.9%，挺水植物占7.5%。

（2）高等植物生物量

2008年，菹草生物量由秋季的120 kg增加到冬季的672 kg，到春季达最大值

1 913 kg。苦草春季、夏季、秋季和冬季生物量分别为883 kg、1 117 kg、905 kg和654 kg。荷花夏季和秋季生物量为2 250 kg和650 kg。春季水生植物的总生物量为3 289 kg，夏季为4 371 kg，秋季为2 407 kg，冬季为1 768 kg。

2. 高等水生动物密度和品种

2008年，底栖动物除群落构建时投放的环棱螺外，还发现有自生的萝卜螺和扁蜷螺，三者平均生物量分别为27.5 个/m²、25.3 个/m²和8.8 个/m²，而在水生植物生长旺盛区，其生物量高达82.5 个/m²、151.5 个/m²、19.3 个/m²，是平均值的2~3倍。鱼类种类调查中发现有白鲢、花鲢和鲦鱼，还有小龙虾、萝卜螺、扁蜷螺、鲦鱼等自生种、乡土种的出现。鱼跃、螺肥、蛙鸣的自然景象油然重现于丽娃河（李静文等，2010）。

1.5　近期水环境变化

2012年6月至2014年11月期间，对丽娃河的水质、底质等进行了跟踪监测和评价。

1.5.1　水质

在丽娃河共设置5个采样点（图1.5），依次记为LW1~LW5。所测指标包括pH、水温（WT）、溶解氧（DO）、透明度（SD）、氨氮（NH_4^+-N）、硝态氮（NO_3^--N）、亚硝态氮（NO_2^--N）、总氮（TN）、总磷（TP）、溶磷（DP）、硫离子（S^{2-}）、化学需氧量（COD_{Cr}）、高锰酸盐指数（COD_{Mn}）、生化需氧量（BOD_5）、总有机碳（TOC）和叶绿素（Chla）。结果见图1.10~图1.25。可以看出：

（1）河水pH变化范围为6.59~9.46，平均值为8.05，偏碱性，与治理前的同期（2003年8月）相比，治理后的河水pH值有所降低，这说明治理后的丽娃河中浮游藻的过量生长已经得到很好的控制。

（2）水体透明度随时间变化幅度较大，变化范围为20~110 cm，均值为73.61 cm，明显高于治理前的水体透明度，这也说明治理后的浮游藻密度显著降低。

（3）河水溶解氧浓度为0.33~20.32 mg/L，均值为7.75 mg/L，各点位之间DO差异较小，共计31.11%的监测点位DO浓度出现过饱和现象。

（4）河水TN浓度为0.87~14.25 mg/L，均值为1.99 mg/L，仅为治理前（2003年10月）的1/5。而且，河水中TN由治理前的以NH_4^+-N为主（NH_4^+-N占TN的56%）改变为治理后的以NO_3^--N为主（所占比例最高为89.53%）。治理后（2012~2014年）的河水NH_4^+-N平均浓度为0.54 mg/L，已达到地表水III类水标准（河流），仅以此结果就可以说明：通过综合治理，丽娃河的纳污负荷得以大幅度削减、水体自净能力得到显著提升。

（5）河水TP浓度为0.032~0.37 mg/L，均值为0.12 mg/L，已达到地表水Ⅲ类水标准（河流）、Ⅴ类水标准（湖库），且磷的形态以溶解性磷为主，DP占TP比例最高达94.44%，平均为68.41%。

（6）河水COD_{Cr}浓度变化较大，其浓度为1~66.58 mg/L，均值为12.41 mg/L；高锰酸盐指数值为2.53~14.31 mg/L，均值为5.18 mg/L，BOD_5平均浓度为1.53 mg/L，均已达到地表水Ⅲ类水标准。

（7）Chla浓度变化范围为2.5~46.52 μg/L，均值为10.60 μg/L，已低于富营养化的临界值。

（8）综合治理后，丽娃河生态系统恢复良好，运行管理及时有效。

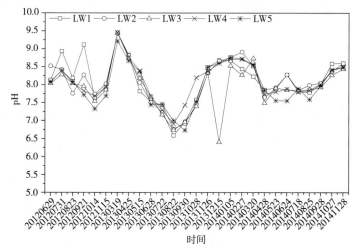

图1.10　丽娃河河水的pH值时空分布（2012~2014年）

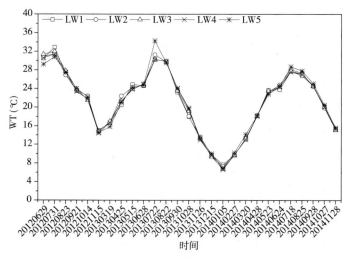

图1.11　丽娃河河水的WT时空分布（2012~2014年）

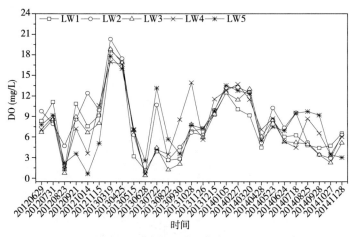

图1.12　丽娃河河水的DO时空分布（2012~2014年）

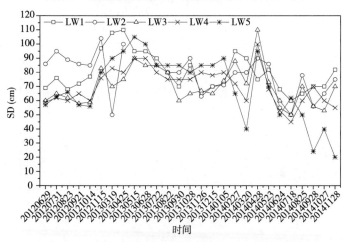

图1.13　丽娃河河水的SD时空分布（2012~2014年）

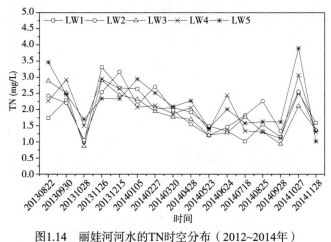

图1.14　丽娃河河水的TN时空分布（2012~2014年）

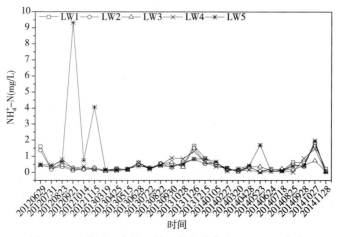

图1.15　丽娃河河水的NH_4^+-N时空分布（2012~2014年）

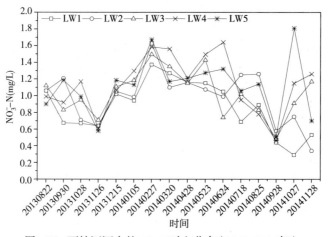

图1.16　丽娃河河水的NO_3^--N时空分布（2012~2014年）

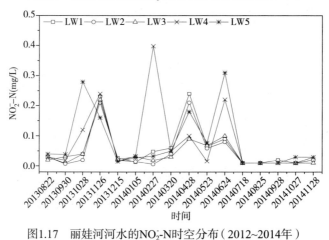

图1.17　丽娃河河水的NO_2^--N时空分布（2012~2014年）

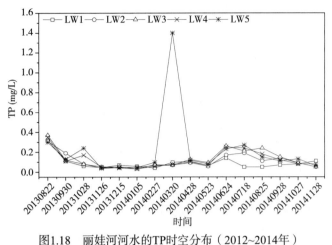

图1.18　丽娃河河水的TP时空分布（2012~2014年）

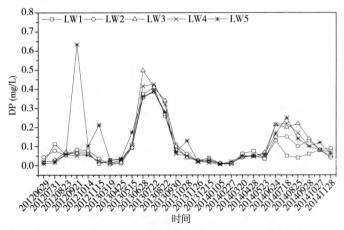

图1.19　丽娃河河水的DP时空分布（2012~2014年）

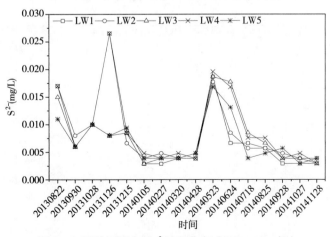

图1.20　丽娃河河水的S^{2-}时空分布（2012~2014年）

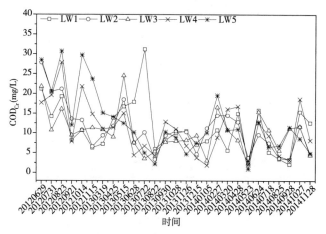

图1.21　丽娃河河水的COD_{Cr}时空分布（2012~2014年）

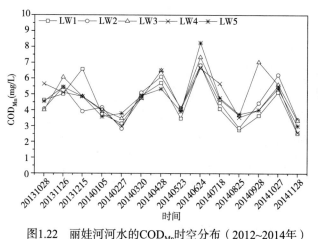

图1.22　丽娃河河水的COD_{Mn}时空分布（2012~2014年）

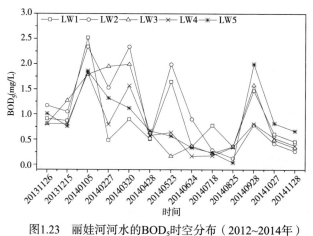

图1.23　丽娃河河水的BOD_5时空分布（2012~2014年）

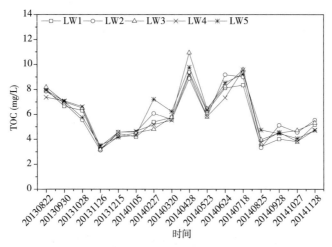

图1.24　丽娃河河水的TOC时空分布（2012~2014年）

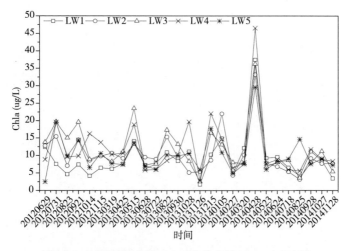

图1.25　丽娃河河水的Chla时空分布（2012~2014年）

　　将所测水质数据进行Pearson相关性分析（表1.15），可以看出，丽娃河河水的DO含量与pH值（$p<0.05$）和SD（$p<0.01$）呈显著正相关关系（水生植物特别是沉水植物在光合作用时增加了河水的DO也提高了河水的pH值。水生植物特别是沉水植物对河水具有良好的澄清作用），与WT（$p<0.01$）、NH_4^+-N含量（$p<0.05$）、COD_{Cr}含量（$p<0.05$）和DP（$p<0.01$）成显著负相关关系（DO含量越高，则NH_4^+-N的硝化和有机物的降解效果就越好）。水温升高，水中饱和DO含量下降。透明度随着水中COD_{Cr}浓度的升高而显著下降（$p<0.05$）。NH_4^+-N含量与DO含量呈较显著的负相关关系（DO含量越高，则NH_4^+-N硝化效果越好）。

	pH	WT	DO	SD	NH$_4^+$-N	DP	COD$_{Cr}$	Chla
丽娃河水质Pearson相关性分析结果（2012~2014年）　　　表1.15								
pH	1							
WT	**−0.457****	1						
DO	**0.410***	**−0.384***	1					
SD	−0.168	−0.126	**0.630****	1				
NH$_4^+$-N	0.184	0.049	**−0.607***	**−0.819****	1			
DP	0.098	0.155	**−0.670****	**−0.806***	**0.882****	1		
COD$_{Cr}$	0.215	0.016	**−0.505***	**−0.708***	**0.831****	**0.777****	1	
Chla	−0.120	−0.095	−0.057	0.069	0.050	−0.006	0.214	1

注：*表示在0.05水平（双侧）上显著相关；**表示在0.01水平（双侧）上显著相关。

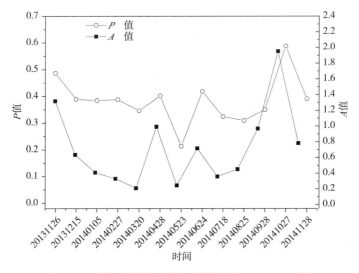

图1.26　丽娃河表层水P值和A值分布（2013~2014年）

　　取每月各监测点均值，参照地表水环境质量V类水标准（河流），计算丽娃河综合污染指数P和有机污染指数A，见图1.26。由图1.26可知，丽娃河综合污染指数P值在监测周期内各时间点P值均小于0.7，处于轻污染水平，61.54%的监测点位P值小于0.4，处于尚清洁水平。有机污染指数A均小于2，处于一般污染水平，处于较好水平的监测点位占84.62%。

丽娃河营养状态等级详表（2013 ~ 2014年）　　　　　　表1.16		
日期	TLI值	营养状态等级
2013年8月	42.0	中营养
2013年9月	42.8	中营养

日期	TLI值	营养状态等级
2013年10月	40.5	中营养
2013年11月	36.2	中营养
2013年12月	39.3	中营养
2014年1月	38.5	中营养
2014年2月	40.3	中营养
2014年3月	41.3	中营养
2014年4月	45.6	中营养
2014年5月	31.3	中营养
2014年6月	44.9	中营养
2014年7月	41.5	中营养
2014年8月	37.5	中营养
2014年9月	39.1	中营养
2014年10月	44.3	中营养
2014年11月	36.8	中营养

1.5.2　底质

采集2013年10月（秋季），2014年1月（冬季）、2014年4月（春季）、2014年7月（夏季）四个季度丽娃河的表层底泥（10 cm）样品，采样点位分布如图1.5，测定底泥的有机质（OM）、全氮（TN）、全磷（TP）、富里酸（FA）、胡敏酸（HA）、胡敏素（HM）等含量。

由表1.17可知，与治理前相比，治理后的丽娃河沉积物有机质含量不仅明显下降而且空间分布的均匀性也明显提高：治理前（2003年10月）的有机质含量变化范围为55.5~163 g/kg，平均值为95.56 g/kg；治理后的有机质含量变化范围为58.68~69.49 g/kg，平均值为62.56 g/kg。治理后的底泥全氮和全磷含量平均为1.48 g/kg和1.15 g/kg，也较治理前有所下降，其中，全氮的下降幅度大于全磷。治理后的丽娃河底泥中有机质中以腐殖质为主要成分（平均占比87.3%），而且，FA（富里酸）含量略低于HA（胡敏酸）含量，表明：目前丽娃河底泥的腐殖化程度较高，且表层底泥处于相对缺氧的环境，这可能与丽娃河过度生长的水生植物（特别是沉水植物）有关。

丽娃河底泥基本成分及其相关分析（2013~2014年）　　　　　表1.17

采样点	有机质 (g/kg)	全氮 (g/kg)	全磷 (g/kg)	HE (g/kg)	各组分含量及其所占总有机质含量百分比						
					HA (g/kg)	HA/OM (%)	FA (g/kg)	FA/OM (%)	HM (g/kg)	HM/OM (%)	PQ (%)
LW1	58.68	1.81	0.94	3.60	1.95	3.32	1.65	2.81	50.93	86.79	54.15
LW2	65.19	1.83	0.79	4.37	2.33	3.58	2.04	3.12	57.30	87.90	53.37
LW3	69.49	1.38	0.82	4.39	2.37	3.41	2.02	2.91	58.77	84.57	53.99
LW4	58.79	1.18	0.93	3.91	2.02	3.44	1.88	3.21	51.90	88.29	51.79
LW5	60.68	1.22	0.84	4.08	2.13	3.51	1.95	3.21	54.00	89.00	52.24

1.6　案例小结

（1）丽娃河是一条典型的滞流型城市河道，在水文环境上，丽娃河具有明显的湖库特点。这种水文特征在我国东部平原河网地区十分常见。因此，当水体营养盐水平较高时，丽娃河极易暴发季节性藻华。

（2）治理后的丽娃河的感官、水质和生态不仅获得了显著改善而且十分稳定，其水质由治理前的劣Ⅴ类提升到治理后的Ⅲ类（河流）。简单的边界（大学校园内河）、全面的整治、优质的管理为丽娃河治理的成效提供了根本保障。

（3）外源截污和内源疏浚为丽娃河的生态恢复准备了良好基础（生境），而水质因应生态恢复实现了自我净化。

（4）治理后的丽娃河水生植物生长旺盛，不仅带来水体沼泽化的问题，而且，春夏之际菹草植株漂浮于水面影响景观。目前，这些问题靠人工收割、打捞解决，但工作量很大。

第2章　上海市工业河环境及其治理

2.1　区域与水体概况

工业河是上海市普陀区境内的小型河道，是桃浦河的支流之一。

工业河是一条东西走向的断头浜，其东段经勤丰泵闸与桃浦河相连，中部北通张泾河，南接里店浦，西段被南何铁路专线阻断（图2.1）。工业河总长度约为864 m，上口宽度约为10~15 m，蓄水量约为1.53×10⁴ m³，水深为0.5~2.5 m（西浅东深）。

工业河地处工业和居住混杂区，周边分布有企业、居民区、大学校园（同济大学沪西校区）以及物流和集贸市场，人口密集，生产和生活活动频繁，工业河东段的南岸有饮料瓶洗涤车间和汽修厂，西段的南岸有多家生产企业，生活污水、工业废水的排放和垃圾入河是造成工业河黑臭的主要原因。

受排污点分布和环境调水的影响，工业河的水质从东到西逐渐恶化，西段全年严重黑臭，河道中淤积了大量的黑臭底泥。

工业河护岸以斜坡型水泥插板为主。沿岸植被为乔木灌木混合型，其中乔木以垂柳为主，灌木主要有夹竹桃等。因河面较窄，垂柳和夹竹桃对水面的光照有一定影响（胡伟，2014；黄燕等，2007；马明海等，2015a；吴林林，2007）。

工业河严重污染和黑臭状态，不仅影响了周边居民的生活，也影响了桃浦河的环境质量。

为改善工业河水环境，于2005~2006年对工业河进行了第一次治理，又于2014~2015年对工业河进行了第二次治理。

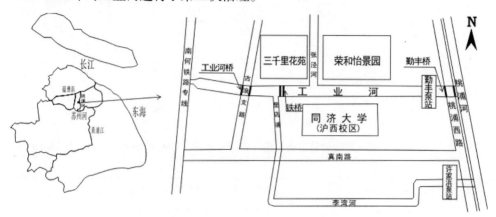

图2.1　工业河地理区位及其周边概况

2.2　背景调查与分析

2005年10月对第一次治理前的工业河开展了较系统的背景调查，如下按照污染源、水文、桥涵护岸、水质、底质的顺序分别介绍调查结果，并在此基础上分析治理前工业河环境恶化的成因。

2.2.1　污染源

工业河所处地区为工业和居住的混合区，沿岸排放的工业废水是造成工业河黑臭的最主要原因，污废水排放点主要集中在工业河桥以西河段，以铁路南何支线排污（工业废水，含铁路南何支线以西的桃浦工业区排污）和工业河桥西南侧沿岸排污最为严重。高浓度、大流量、多种类的工业废水进入河道后使得工业河桥以西河段已经成为严重黑臭的污水沟。另外，生活污水以及工业河北侧的大量建筑垃圾直接入河，也在一定程度上加剧了河道的污染程度。河水中化学耗氧量、氨氮、总氮、总磷浓度超过或接近生活污水，溶解氧含量几乎为零。治理前的工业河大部分河段淤积了深度约0.3~0.5 m的黑臭底泥，其中，工业河桥以西的局部河段底泥淤积厚度超过1 m。图2.2和表2.1是2005年10月份对第一次治理前工业河主要排污口分布及排污情况的调查结果。

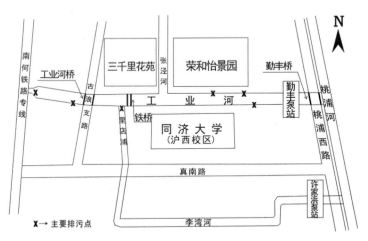

图2.2　第一次治理前工业河排污口分布（2005年10月）

第一次治理前工业河排污口调查结果（2005年10月）		表2.1
编号	排污口位置	排污特征
1	工业河西端	南何支线排污管破损泄漏，连续排放，量较大
2	工业河桥西南侧沿岸	工业废水排污管破损泄漏，连续排放，量较大

续表

编号	排污口位置	排污特征
3	工业河南岸	企业污水直排，间歇排放，量中等
4	工业河北侧	工地生活污水直排，间歇排放，量较小
5	工业河北岸	建筑及生活垃圾随意堆放产生的渗滤液，间歇排放，量较小
6	里店浦与工业河交汇处	工业废水排污管破损泄漏，间歇排放，量较小

　　由调查结果可知：第一次治理前工业河沿岸有6个排污口，其中排污量中到大的有3个，占50%，且以工业废水为主。污水来源有工业企业、居民生活和雨水径流等，排污方式以直排、管破损泄漏、间歇排放为主。

2.2.2　桥涵和护岸

　　工业河上共有3座桥梁，分别是西端的工业河桥、中部的"铁桥"（连接李家湾与三千里花苑的人行非机动车桥）和东端的勤丰桥（桃浦西路桥），具体见图2.1。工业河水体与外界的交换主要依靠勤丰泵闸的无定期调水：汛期开泵向桃浦河排涝、旱季开闸从桃浦河引水。

　　工业河护岸型式大多是斜坡型水泥插板为主，北侧住宅小区（三千里花苑和荣和怡景园）附近的部分河段为浆砌块石硬质护岸。

　　除北岸住宅小区（三千里花苑和荣和怡景园）和勤丰泵站新建护岸外，大部分河段的护岸已经受到不同程度的破损，不仅危及岸坡安全，而且导致污水经由破损的护岸渗漏入河。

2.2.3　水文

　　工业河水文调查结果如表2.2所示。

工业河水文情况汇总（2005年10月）　　　　　　　　　　　表2.2

河道中心线长（m）	岸线长度（m）	平均河宽（m）	河道面积（m²）	河底最低高程（m）	平均水深（m）	边坡比	测时水位（m）	槽蓄量（m³）
864	1758	12	10368	−0.5	1.2	1∶1	1.36	15271

2.2.4　水质

　　于2005年10月7日、17日、24日对治理前的工业河水质进行了监测（图2.3），水质监测与评价结果见图2.4和见表2.3。

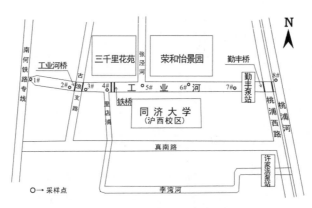

图2.3 工业河水质采样点分布

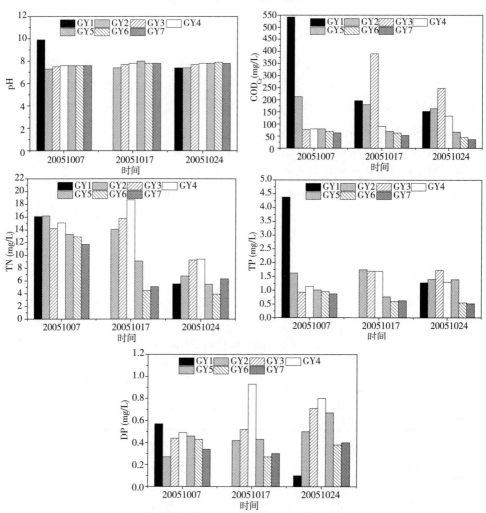

图2.4 第一次治理前工业河水质（2005年10月）

第一次治理前工业河水质状况（表层水样，2005年10月）　　　　表2.3

采样点编号	采样点位置	pH	DO（mg/L）	COD_{Cr}（mg/L）	BOD_5（mg/L）	TN（mg/L）	NH_4^+-N（mg/L）	TP（mg/L）	DP（mg/L）	P	A
1#	南何支线排污口	8.7	0.1	347.8	22.3	11.6	10.8	2.83	0.34	4.72	16.28
2#	工业河桥西南侧	7.4	0.0	185.5	20.5	13.5	11.6	1.58	0.40	3.34	12.48
3#	工业河桥东南侧	7.6	0.1	238.1	15.5	14.2	-	1.45	0.56	3.63	14.80
4#	里店浦汇入口	7.7	0.3	100.9	8.0	15.5	14.0	1.37	0.74	3.04	10.17
5#	张泾河汇入口	7.8	1.7	72.3	5.3	10.4	9.5	1.05	0.52	2.21	6.24
6#	荣和怡景园（残桥）	7.8	3.5	59.3	3.0	8.2	6.4	0.69	0.36	1.71	3.23
7#	勤丰泵站	7.7	3.1	50.8	3.0	8.8	6.2	0.67	0.35	1.72	3.12
平均值		7.8±0.4	1.3±1.5	150.7±111.5	11.1±8.2	11.7±2.8	9.8±3.0	1.38±0.73	0.47±0.15	2.62	8.34
8#	桃浦河	7.7	2.2	50.8	3.6	6.7	5.4	0.55	0.29	1.47	3.23
地表水V类		6~9	≥2	≤40	≤10	≤2.0（湖库）≤2.0（河流）		≤0.4（河流）	-		

上海市黑臭河道治理验收标准（mg/L）　　　　表2.4

指标名称	DO	COD_{Mn}	BOD_5	NH_4^+-N	TP
指标值	≥2	≤15	≤20	≤8	≤0.8

　　参照地表水环境质量标准（GB3838-2002）中V类水标准（河流）及上海市黑臭河道治理验收标准（表2.4）（吴林林，2007），由水质监测及指数评价结果（图2.4，表2.3）分析可得出如下结论：

　　（1）工业河的水质明显劣于桃浦河，其主要污染指标值（除去pH和DO）均为桃浦河的2倍以上。自东段至西段工业河污染程度逐渐加重，这不仅与工业河桥以西河段的外来污染排放有关，而且与工业河的调水方向（由东往西流）有关。

　　（2）第一次治理前的工业河属于典型的劣V类水体，水质污染突出表现在COD_{Cr}、N、P污染，其中COD_{Cr}平均值为150.7 mg/L，约为V类水的4倍；西肓段排污口附近河水COD_{Cr}最高为347.8 mg/L，几乎与生活污水水质相当（万旭东，2014）。NH_4^+-N平均浓度为9.8mg/L，约是地表水V类标准限值的5倍（河流）。TP浓度平均为1.38 mg/L，是V类水的3倍以上（河流）、6倍以上（湖库）。

（3）工业河个别点位（1#点）的河水COD_{Cr}浓度高达347.8 mg/L，而DO仅为0.1 mg/L，且NH_4^+-N浓度占TN的80%以上，属于高度污染、极端缺氧的严重黑臭水质。

（4）工业河河水B/C较低，表明受工业污染严重。

2.2.5　底质

2005年10月17日沿工业河自西向东依次采集底泥，共设置4个采样点，分别为1#（西盲端）、2#（里店浦）、3#（断桥处）和4#（勤丰泵站）。

1. 底泥微生物数量

分别采用稀释平板法和MPN多管法分析了底泥中几种重要的微生物类群数量，包括大肠杆菌、异养细菌（史家樑等，1999）、硝化细菌（土壤微生物研究会，1983）、反硝化细菌（Sharma *et al.*, 1977）和反硫化细菌（章非娟，1992）（表2.5）。

第一次治理前工业河底泥主要微生物类群的数量（个/g干泥，2005年10月）　表2.5

采样点编号	采样点位置	大肠杆菌	异养细菌	硝化细菌	反硝化细菌	反硫化细菌
1#	西盲端	1.73E+06	2.28E+06	-	6.53E+03	2.07E+04
2#	里店浦	2.05E+06	4.32E+06	-	1.14E+04	5.00E+05
3#	断桥处	2.27E+05	7.98E+06	-	1.42E+03	5.38E+04
4#	勤丰泵站	1.80E+05	1.02E+05	5.99E+03	2.28E+03	7.09E+03
平均值		**1.05E+06**	**3.67E+06**	**1.50E+03**	**5.41E+03**	**1.45E+05**

由表2.5分析可知：

（1）第一次治理前工业河底泥中大肠杆菌和异养细菌数量均明显多于其他四种细菌，卫生质量较差。反硝化细菌和反硫化细菌也分别达到3个和5个数量级，而硝化细菌除在勤丰泵站处被检测到外，其他三个采样点均未检测到，该结果说明治理前工业河底泥有机污染严重且处于厌氧状态。

（2）治理前工业河西段底泥中大肠杆菌、异养细菌、反硝化细菌和硫化细菌的数量较东段平均多1个数量级，说明西段底泥环境质量劣于东段，这与水质分析结果相吻合。

（3）工业河底泥中的大肠杆菌较上海市苏州河底泥高2~3个数量级（陈金霞和徐亚同，2002），说明工业河受粪便污染更严重。异养细菌与苏州河2000~2001年底泥中的异养细菌量相当，反硝化细菌和反硫化细菌则略高于苏州河，异养细菌和反硝化细菌数量越多，则水体受有机污染越严重。

2. 底泥有机质、氮、磷含量

进一步测定了底泥中的有机物、氮和磷的含量（中国科学院南京土壤研究所，1978），结果见表2.6（吴林林，2007）。

第一次治理前工业河底泥有机质、氮、磷的含量（2005年10月）　　　表2.6

采样点	有机质（%）	全氮（g/kg 干泥）	全磷（g/kg 干泥）
西盲端	35.8	8.17	8.59
里店浦	28.9	7.65	5.62
断桥处	22.3	4.86	3.76
勤丰泵站	18.7	4.27	2.96
平均值	**26.4±7.5**	**6.24±1.95**	**4.12±2.50**

由表2.6分析可知：

（1）第一次治理前工业河底泥中有机污染物含量很高，平均含量达到26.4%，相当于264 g/kg。

（2）治理前工业河底泥中氮、磷含量自西向东依次降低，其中氮含量平均值达6.24 g/kg 干泥，磷含量平均值达4.12 g/kg 干泥。说明治理前工业河底泥受氮磷污染严重，且西段底泥污染重于东段。

（3）工业河底泥有机物含量比苏州河底泥的约高出1个数量级，氮含量约为苏州河底泥含氮量（1~3 g/kg 干泥）的2~4倍（孙远军，2009）。

3. 水质与底质相关性

选取西盲端、里店浦、断桥处和勤丰泵站的水质与底质中的COD_{Cr}、N和P等指标的监测数据，采用SPSS19.0进行Pearson相关性分析，结果见表2.7。

第一次治理前工业河底质与水质相关性（2005年10月）　　　表2.7

	采样点	OM	全氮	全磷	pH	DO	COD_{Cr}	BOD_5	NH_4^+-N	TN	DP	TP
采样点	1	0.009	0.044	0.032		0.046						
OM	**−0.991**[**]	1	0.041	0.009					0.064			0.046

	采样点	OM	全氮	全磷	pH	DO	COD$_{Cr}$	BOD$_5$	NH$_4^+$-N	TN	DP	TP
全氮	**−0.956***	**0.959***	1									
全磷	**−0.968***	**0.991****	0.922	1				0.027				0.017
pH	−0.718	0.783	0.609	0.859	1		0.022					
DO	**0.954***	−0.911	−0.934	−0.849	−0.476	1						
COD$_{Cr}$	−0.847	0.893	0.748	0.945	**0.978***	−0.649	1	0.006				0.016
BOD$_5$	−0.902	0.936	0.808	**0.973***	0.948	−0,731	**0.994****	1				0.002
NH$_4^+$-N	−0.726	0.664	0.810	0.557	0.054	−0.887	0.257	0.362	1	0.012		
TN	−0.646	0.590	0.771	0.479	−0.033	−0.818	0.165	0.269	**0.988***	1		
DP	−0.112	0.022	0.255	−0.112	−0.604	−0.394	−0.429	−0.327	0.763	0.813	1	
TP	−0.927	**0.954***	0.834	**0.983***	0.925	−0.774	**0.984***	**0.998****	0.417	0.322	−0.269	1

注：$^*p<0.05$，$^{**}p<0.01$；显著性水平值$a=0.05$；表中"全氮、全磷"指的是底质。

　　由表2.7可知，工业河自东向西污染程度逐渐加深，底泥中的有机质（OM）与水中的TP成显著的正相关关系（$p<0.05$），与BOD$_5$的关系接近显著性水平（$p=0.064$）。底泥中的全磷含量与水中的BOD$_5$和TP均存在着显著的正相关关系（$p<0.05$）。底泥中全氮含量与水中氮浓度成正相关关系，但不显著。可见，内源底泥中污染物的释放对于工业河水质污染的贡献率不容忽视（黄建军，2009；朱健等，2009）。

2.2.6　水环境恶化成因分析

　　土地利用的变化是河道水体生态环境演变之本。污水漏排甚至直排是工业河环境污染的首要原因，其次为内源污染物的释放等（Morandi *et al*.，2014；黄民生和曹承进，2011；荆治严，2012；叶公健和王贵生，2006；张卫东，2007）。另外，城市降雨径流污染、滨岸带面源污染等未经有效拦截和净化而进入水体，雨污混接，部分建筑生活垃圾弃河，造成过量纳污，水环境容量下降，水质恶化（陈振楼等，2014a；黄民生和陈振楼，2010）。超量纳污是工业河黑臭的核心原因。排放点集中在工业河桥以西河段，以南何支线西端、工业河桥西南侧沿岸及里店浦最为严重。高浓度、大流量的工业废水进入河道后使得工业河桥以西河段已经成为污水沟，河水中化学耗氧量、氨氮、总氮、总磷含量超过或接近生活污水，溶解氧含量极低，几乎为零。

　　根据水体背景调查结果，分析了治理前工业河环境污染和生态退化的成因，如表2.8所示。

治理前工业河环境污染与生态退化成因分析		表2.8
驱动因素	过程	响应
地处工业生活混杂区	污染源复杂	
工业废水漏排或直排，雨污混接	有机物、氮磷等污染物过量输入，污染加剧	
断头浜	水动力条件较差，水体自净能力下降	严重黑臭
内源释放	有机质、氮磷累积，底质恶化，影响水质	
管理缺失	感官品质降低，生态系统退化	

2.3　第一次治理及其效果

2.3.1　治理方案与工程实施

（一）治理方案

根据背景调查和成因分析的成果，抓住导致工业河严重黑臭问题的关键，在部分截除里店浜入口以及工业河西段沿岸工业废水和生活污水以后（受客观条件限制，本工程实施期间无法做到全面截污），对工业河西盲端至工业河桥（古浪支路桥，下同）之间的重污染河段进行较为彻底的疏浚（水力冲挖式疏浚），然后安装并开启曝气机快速提高河道的溶解氧含量，最后投加微生物菌剂和安装生物栅及生态浮床。于2005年11月~2006年3月间开展了该治理工程的实施，其方案示意图见图2.5。

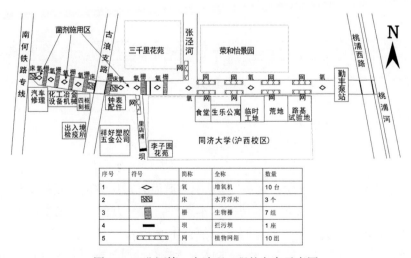

图2.5　工业河第一次治理工程的方案示意图

（二）工程实施

2005年11月起开始对工业河开展了综合整治，主要工程措施如下：

1. 截污。截污是从根本上解决水体污染的关键，只有污染源从源头上得到控制，才能真正使水质得到改善（毛威敏，2009；吴峰，2015；阮仁良等，2008）。本工程截除了工业河南岸（尤其是西段）10多处工业废水和生活污水排污点（排污量达2 000 t/d），将南何支线以西高浓度工业废水、工业河桥西段、南侧沿岸工业废水等纳入到真南路污水西干线（送石洞口污水处理厂集中处理——王国祥等，1998）。疏通了古浪支路（真南路822弄）市政污水管，封堵了工业河沿岸分散的污水管，对沿岸工业垃圾（涂料厂和汽修厂废渣）就地清除。2005年11月底，工业河第一次治理的截污工作完成，但因里店浦排污涵管为李子园地区的合流污水管，汛期时受排涝的需要，仍有部分污水进入河道。现场多次调查和水质监测结果表明，本次工业河截污有较好效果，为河道水质净化及其他工程措施的实施提供了根本保障。

2. 疏浚。大量研究显示，在河道外源污染得到有效控制后，底泥就成为首要污染源（Murphy *et al.*，1999；柳惠青，2000；郑金秀等，2007）。底泥疏浚的主要目的就是去除底泥所含的污染物，清除污染水体的内源，减少底泥污染物向水体的排放，同时还可以增大河道的容量，是治理污染河流的重要措施（金相灿和荆一风，1999）。多年来，工业河西段接受大量工业废水和生活污水，加上工业河桥的人为阻隔影响，导致严重污染的底泥在河道内淤积，总量约1 000 m³（含重金属等工业排污的底泥），厚度约0.5~1 m。为此，2005年11月上旬对该河段底泥采用了干床水力冲挖清淤疏浚工艺，如图2.6（黄民生和陈振楼，2010）。

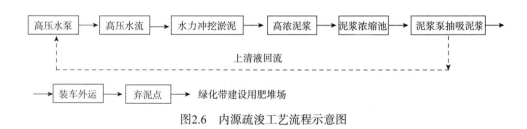

图2.6　内源疏浚工艺流程示意图

3. 曝气增氧。"氧是生命之源"。对于河道而言，一方面，氧是保障水体生物（特别是高等生物）生存、繁衍的基本条件，另一方面，氧是水体中污染物净化的物质基础。城市河道人工曝气复氧技术是指人工向水体中充入空气或纯氧，增加水体中溶解氧的含量，改善水体缺氧状态，通过恢复和增强水体中微生物的作用，去除水体中污染物，达到改善河流水质的一项污染河道治理工程技术（Wolfram *et al*., 2002；廖振良等，2004；刘晓海等，2006；徐续和曹家顺，2006）。工业河经历了几十年的严重污染，河水常年处于缺氧、厌氧的"窒息"状态（工业河桥以西河段为盲端，加上桥涵阻隔使得河水根本无法正常交换）。通过高强度曝气快速向河水中提供溶解氧，是严重黑臭河道水质净化与修复的必备前提条件。为此，2005年12月上旬，在河面上安装了10台水车式增氧机（2.5 kW/台）（彩图2.1　工业河水车式增氧机的安装和运行）。用电从工业河桥西北侧的配电房（属李子园村管辖）接入，岸边和水下电缆总长度约2 000 m。根据河道水质和底质污染的空间分布特点，对增氧机的安装位置和设置密度进行了调控。工业河桥以西的河段上安装了4 台增氧机（设置密度为1 台/60 m），工业河桥至里店浦河段安装了3台增氧机（设置密度为1 台/80 m），里店浦至勤丰泵站河段安装了3台增氧机（设置密度为1 台/150 m）。通过近2周的增氧使得河水DO含量由0 mg/L上升到2 mg/L以上，水体黑臭程度逐渐减轻，好氧条件下通过微生物及化学分解转化，水质逐步改善。

4. 微生物强化净化。依托截污、疏浚、增氧等前期工程，2005年12月下旬~2006年2月中旬分阶段向河水中喷洒高效微生物菌剂（硝化细菌和光合细菌的菌液），促进河道中污染物的快速净化。

5. 生物栅及生态浮床。分别于2005年11月下旬、2006年3月分两次在河道中设置了生物栅（组合填料、竹片支架10处，约100 m³）、水芹及海寿生态浮床（2处，约200 m²）、水花生及水龙组合浮床（尼龙网固定，约200 m²），覆盖率（浮床面积/河道水面积）约为15%。

6. 调水。将张泾河水调入工业河后再输入到桃浦河中，通过拓宽工业河桥涵过水断面，增强西段与东段河水交换，缓减西段污水和底泥淤积。并根据河道水质、季节变化及防汛和治理要求，制定动态调水方案，委托河道管理部门帮助完成。

2.3.2　第一次治理效果

工业河第一次治理于2006年初全部完工，2006年10月份通过验收。水质和底质监测结果表明，该工程实现了预期目标。

（一）感官

经过截污、疏浚、调水、曝气增氧和生物修复等措施实施后，工业河的河水颜色由墨黑（西、中段）和深绿色（东段，夏季）改变为灰白色最后转为淡绿色。河水臭味基本消除，水体透明度（SD）由治理前的不足10 cm提高到30~50 cm；

河道保洁状态良好，做到了河面垃圾及时清捞；河水中出现大量的枝角类浮游动物，高等水生植物的生长为河道增添了靓丽的景色。

（二）水质

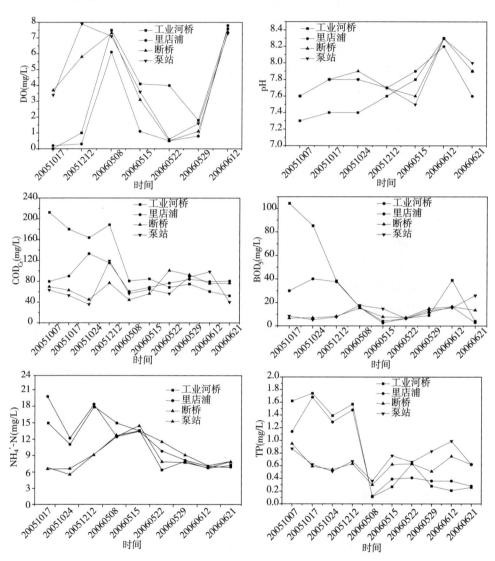

图2.7　工业河第一次治理前后的水质对比（2005～2006年）

由图2.7可知：

（1）2005年10月17日第一次治理前的工业河一直处于黑臭状态，河水溶解氧含量的空间分布不均，工业河桥处受工业废水污染其河水DO最低为0 mg/L，勤丰泵站处因周期性调水使得其处河水DO含量高达3.7 mg/L。经过半年的综合治理，河水溶解氧平均含量高达4.0 mg/L，2006年6月工业河桥处DO高达7.6 mg/L（2006年5月份期间，垃圾缠绕叶轮造成曝气增氧机运行故障，导致河水DO含量间歇性下降）。

（2）第一次治理前工业河河水pH值一直在7.6左右，综合治理措施实施后河水pH值稍有增加至7.8，但2006年6月份两次采样期间河水pH值明显升高（最高达到8.3左右）。调查和监测结果表明，综合治理措施实施后工业河水环境质量逐渐改善，黑臭消除后水体中DO含量增加、氮磷含量仍然较高，导致温暖季节水体中藻类生长繁殖加快，藻类光合作用导致河水pH值升高。河水中有机酸等污染物的降解和矿化也是pH上升的原因。

（3）经过第一次治理，河水中BOD_5和COD_{Cr}含量显著降低。BOD_5均值由治理前的37.4 mg/L降为16.7 mg/L，降幅达55.35%，其中，工业河桥处的河水BOD_5由治理前的104.3 mg/L降为4.1 mg/L，降幅高达96%。河水COD_{Cr}均值由治理前的101.4 mg/L降为81.3 mg/L，降幅为19.82%，其中，工业河桥处河水COD_{Cr}由治理前的212.4 mg/L降为52.4 mg/L，降幅最高达75.3%。

（4）经过第一次治理，河水中NH_4^+-N含量有所下降，但降幅不明显，仍属于劣V类，这与NH_4^+-N的生物硝化过程缓慢有关。河水TP则由0.59~1.74 mg/L下降到0.11~0.99 mg/L，平均降幅为46.96%。

到2006年6月份，工业河水质各指标均达到了上海黑臭河道治理验收标准的要求。

（三）底质

分别在西盲端、里店浦、断桥处、勤丰泵站处设置4个底泥采样点，采用彼得逊采泥器采集表层泥样。采样时间分别为2005年11月9日（截污和疏浚前）和2006年9月15日（截污、疏浚和曝气措施实施约9个月后）。

1. 底泥中微生物数量

底泥中主要微生物类群数量见表2.9。

第一次治理前后的工业河底泥主要微生物类群数量（2005~2006年）　　表2.9

时间	采样点	大肠杆菌	异养细菌	硝化细菌	反硝化细菌	反硫化细菌
	西盲端	1.73E+06	2.05E+06	-	6.53E+03	2.07E+04
	里店浦	2.05E+06	4.32E+06	-	1.14E+04	5.00E+05
2005.11.9	断桥处	2.27E+05	7.98E+06	-	1.42E+03	5.38E+04
	勤丰泵站	1.80E+05	1.02E+05	5.99E+03	2.28E+03	7.09E+03
	平均值	**1.05E+06**	**3.67E+06**	**1.50E+03**	**5.41E+03**	**1.45E+05**

时间	采样点	大肠杆菌	异养细菌	硝化细菌	反硝化细菌	反硫化细菌
	西盲端	2.75E+05	1.32E+05	-	1.15E+04	3.14E+03
	里店浦	1.08E+05	5.10E+05	1.35E+02	2.10E+05	1.75E+04
2006.9.15	断桥处	1.12E+06	8.10E+06	4.23E+02	6.30E+04	3.81E+02
	勤丰泵站	1.33E+04	3.12E+04	7.31E+04	5.88E+04	4.55E+02
	平均值	**3.79E+05**	**2.19E+06**	**2.46E+04**	**8.58E+04**	**5.37E+03**

从表2.9可知：第一次综合治理措施实施后，工业河底泥中大肠杆菌数量显著降低，除断桥处的样点外，其他3个样点的大肠杆菌数量均下降了1个数量级。断桥处有一座化粪池（位于同济大学沪西校区一学生宿舍楼后面），在排污口被封堵后，通过潜水泵不定期向工业河排放高浓度粪便污水导致河水中大肠杆菌数量增加。底泥中异养细菌数量及其变化趋势与大肠杆菌基本相似。治理前除勤丰泵站底泥中检测到极少量硝化细菌外，其他3个样点均未检测到；治理后底泥中硝化细菌数量都有所增加，其中以勤丰泵站附近的底泥中硝化细菌数量最多。

硝化细菌数量是评价河道环境质量和氮污染物转化通畅程度的重要指标。硝化细菌越多，则说明水体好氧环境越充分，NH_4^+-N的硝化越彻底。反硝化细菌数量的变化反映了底泥反硝化作用强度（郭如美等，2006；李振高等，2003；任延丽等，2005），治理后各样点反硝化细菌的数量均较治理前增加了1个数量级。

反硫化细菌越多，则表示环境厌氧状况越严重，河道水环境质量就越差。治理前工业河处于严重黑臭状态，水体DO含量平均只有0.2 mg/L左右，底泥中DO含量就更低，为反硫化细菌的生长和繁殖提供了有利的环境条件。4个采样点底泥反硫化细菌的数量都在10^3个/g干泥以上，其中，以里店浦底泥中数量最高，较其他采样点高出1~2个数量级，属厌氧比较严重的河段（可能与里店浦排放大量工业废水和生活污水有关）。治理后各样点的底泥中反硫化细菌数量平均下降了1个数量级。水体底泥中硫化物含量与有机负荷量、化学耗氧量呈正相关（蔡惠凤等，2006）。因此，反硫化细菌数量的减少，间接指示了底泥有机污染物含量下降。

2. 底泥中有机质、氮、磷含量

对4个采样点底泥中的有机质、全氮、全磷含量进行了测定，结果见图2.8~图2.10，并与国内类似河道底泥中有机质、氮、磷含量相比较，结果见表2.10。

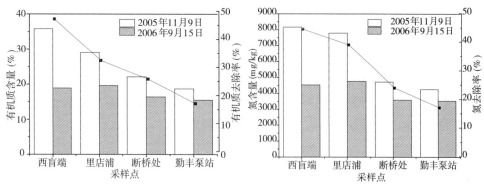

图2.8 第一次治理前后的工业河底泥中有机质含量（2005~2006年）

图2.9 第一次治理前后的工业河底泥中全氮含量（2005~2006年）

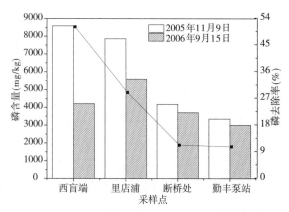

图2.10 第一次治理前后的工业河底泥中全磷含量（2005~2006年）

国内类似河道底泥污染物含量（mg/kg）					表2.10
河道名称	所在地	有机质	全氮	全磷	参考文献
苏州河	上海市	17585~26539	146~571		来彦伟，2000
内秦淮河	南京市		1828.7~7655.2	1620.6~4957.2	罗玉兰，2007
大宁河	重庆市		821~1215	488.4~785.1	张永生等，2015
新坡河	海南省	22719.5~167876.9	130~6760	109.7~2310.8	刘永兵等，2013

从上图、表分析可知：

（1）第一次治理前工业河底泥受有机污染极为严重，整个河段有机质含量在18.7%~35.8%，平均值高达26.4%（相当于26 4000 mg/kg），工业河沿河段自西向东底泥中有机质含量依次减小。治理后底泥有机质含量有一定程度的降低（平均下降30.6%），其中，河道西端底泥的有机质含量仅为18.9%，下降最为明显，这可能与该河段的疏浚及曝气增氧有关。

（2）第一次治理前工业河的底泥中氮、磷含量都很高，其中，氮含量为4 256~8 169 mg/kg，平均值为6 235 mg/kg；磷含量为3 356 ~ 8 586 mg/kg，平均值为5 994 mg/kg，底泥氮、磷含量在空间分布特点上具有一致性：西段至东端勤丰泵站处一直处于降低趋势。治理后底泥中氮、磷含量均有所减少，其中，氮含量的下降率为17.0%~44.5%，平均下降率为31.1%；磷含量的下降率为在10.6%~51.0%，平均下降率为25.4%，从河段来看，西盲端河段氮、磷含量下降率最高，其次为里店浦河段。治理前后底泥氮、磷含量的变化说明了截污、疏浚和曝气等综合措施对缓解和控制河道底泥污染有一定的作用。

（3）与国内类似河道底泥中的有机质、氮、磷含量相比，治理前的工业河底泥中有机质含量远高于苏州河，氮磷含量也明显高于苏州河、内秦淮河、大宁河及南渡江新坡河。

（4）对工业河不同河段底泥氮磷含量做相关性分析。结果表明，底泥氮、磷的含量之间存在显著同源相关性（r=0.95，p<0.05）。虽然这与河道底泥中营养物质的组成特点有关，但受外来污染物的影响更大。根据现场调查和监测分析可知，治理前工业河沿岸数家企业、居民区和同济大学沪西校区学生宿舍楼生活区，每天有大量工业废水（彩图2.2　工业河的工业废水排放）、生活污水（彩图2.3　工业河岸边生活污水直排；彩图2.4　工业河未及时清理的岸边垃圾）及生活垃圾入河（彩图2.5　工业河中的生活垃圾），日积月累加剧了河道的水质恶化及底泥氮、磷营养物质的富集。

（四）生物

2006年4月19日分别在工业河的西段盲端、工业河桥和里店浦附近水域采集水样，分析河水中浮游动物（多细胞枝角类）生物量分别为0.2597 g/L、0.4388 g/L和0.4510 g/L，说明治理后工业河水生生态已有初步修复。

2.4　第二次治理及其效果

2.4.1　治理方案与工程实施

第一次河道综合治理工程实施后，工业河水体环境有了明显的改善，达到了预期目标（彩图2.6　工业河第一次治理前（2005年）；彩图2.7　工业河第一次治理中（2006年））。但根据管理方的要求，第一次治理设施（曝气机、生态浮床、生物格栅）于2006年11月份从工业河中拆除。

　　2014年10月~2015年12月期间,上海有关部门对工业河组织实施了第二次治理,主要工程措施包括底泥疏浚、护岸修整或重建等措施(彩图2.8　工业河底泥疏浚(2015年);彩图2.9　工业河护岸建设(2015年))。经现场考察,工业河第二次治理的主体工程于2015年9月完成,并随后进入到工程收尾阶段直至2015年底。

　　为了考察第一次治理后以及第二次治理期间的工业河水环境变化,于2012年7月至2016年4月对工业河开展了跟踪监测、分析。

工业河第二次治理工程概况（2014 ~ 2015年）　　　　　表2.11	
工程内容	工程量
疏浚河道长度	838m
疏浚土方	5150m³
新建栏杆	653m
新建C型浆砌块石挡墙护岸	653m
加固D型护岸	806m
新建绿化	956㎡
新建防汛通道	819㎡

2.4.2　治理效果

1. 水质

　　自东向西在工业河的勤丰泵站(GY1)、断桥(GY2)、张泾河(GY3)、里店浦(GY4)和工业河桥(GY5)共设置5个河水的采样监测点。

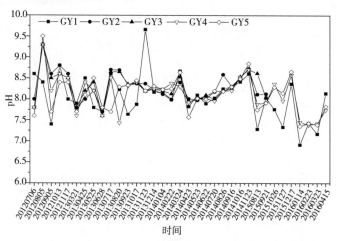

图2.11　工业河表层河水的pH值时空分布（2012 ~ 2016年）

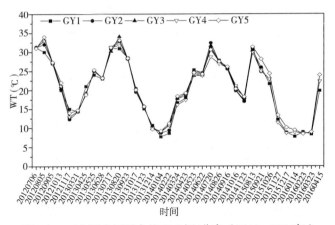

图2.12　工业河表层河水的WT时空分布（2012～2016年）

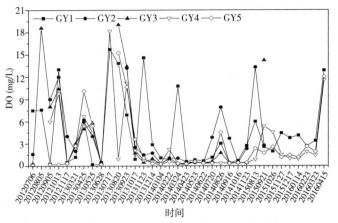

图2.13　工业河表层河水的DO时空分布（2012～2016年）

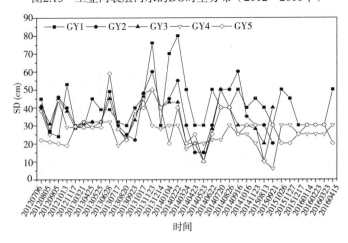

图2.14　工业河表层河水的SD时空分布（2012～2016年）

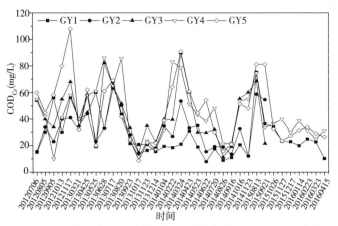

图2.15　工业河表层河水的COD$_{Cr}$时空分布（2012～2016年）

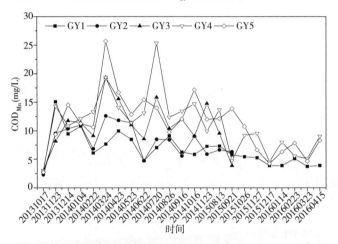

图2.16　工业河表层河水的COD$_{Mn}$时空分布（2013～2016年）

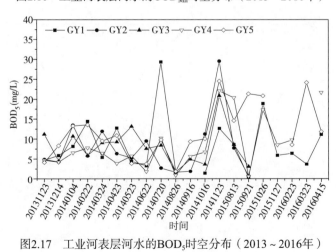

图2.17　工业河表层河水的BOD$_5$时空分布（2013～2016年）

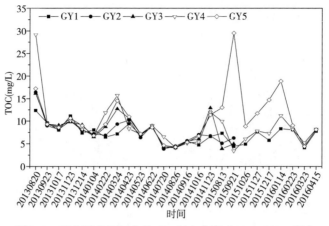

图2.18　工业河表层河水的TOC时空分布（2013～2016年）

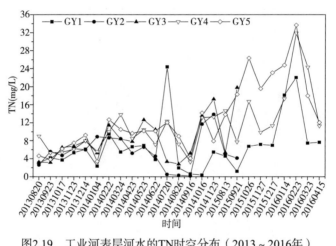

图2.19　工业河表层河水的TN时空分布（2013～2016年）

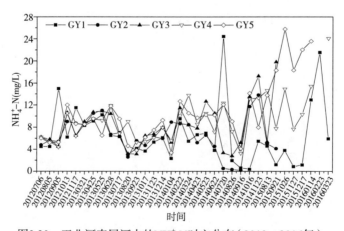

图2.20　工业河表层河水的NH₄⁺-N时空分布（2012～2016年）

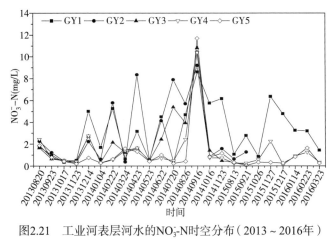

图2.21　工业河表层河水的NO₃⁻-N时空分布（2013～2016年）

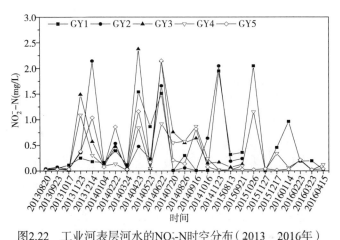

图2.22　工业河表层河水的NO₂⁻-N时空分布（2013～2016年）

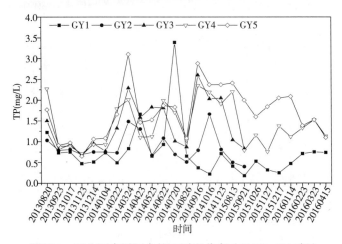

图2.23　工业河表层河水的TP时空分布（2013～2016年）

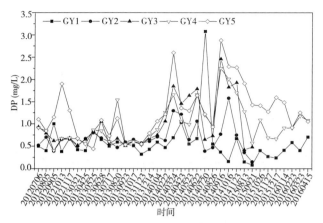

图2.24　工业河表层河水的DP时空分布（2012～2016年）

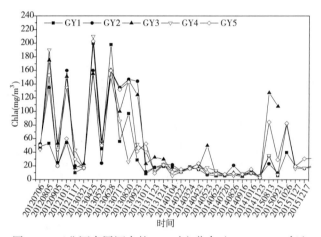

图2.25　工业河表层河水的Chla时空分布（2012～2016年）

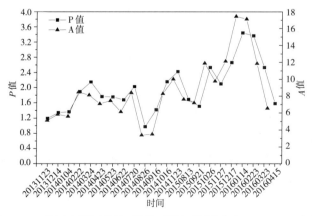

图2.26　工业河表层河水的P值和A值随时间分布（2013～2016年）

　　取每月各监测点均值，参照地表水环境质量 V 类水标准（河流），计算工业河综合污染指数 P 和有机污染指数 A（图2.26）。由图2.26可知，工业河综合污染指数 P 值除2014年8月处于污染水平外，其余各时间点 P 值均大于1，处于重污染水平以上，其中处于严重污染水平（$P>2$）点位的比例达45.45%。由各指标分指数计算可知，主要超标因子为 NH_4^+-N，其次为 DP 和 COD_{Cr}。有机污染指数 A 值各点值均大于3，处于中等污染水平以上，其中90.91%的点位处于严重污染水平（$A>4$）。

　　根据2013～2016年的水质监测结果（当月所有监测数据的平均值），计算出近年来工业河的综合营养状态指数 TLI 值并评价其营养状态等级，如表2.12所示。

工业河营养状态等级详表（2013～2016年）　　　　　　　表2.12

日期	TLI值	营养状态等级
2013年8月	72.8	重度富营养
2013年9月	64.6	中度富营养
2013年10月	57.7	轻度富营养
2013年11月	58.9	轻度富营养
2013年12月	61.7	中度富营养
2014年1月	60.4	中度富营养
2014年2月	64.6	中度富营养
2014年3月	70.1	重度富营养
2014年4月	68.6	中度富营养
2014年5月	67.4	中度富营养
2014年6月	63.0	中度富营养
2014年7月	62.5	中度富营养
2014年8月	56.6	轻度富营养
2014年9月	60.0	中度富营养
2014年10月	66.0	中度富营养
2014年11月	62.9	中度富营养
2015年8月	73.2	重度富营养
2015年9月	67.9	中度富营养
2015年10月	79.09	重度富营养
2015年11月	73.37	重度富营养
2015年12月	72.93	重度富营养
2016年1月	75.90	重度富营养
2016年2月	61.13	中度富营养
2016年3月	58.20	轻度富营养
2016年4月	57.63	轻度富营养

从图2.11~图2.26和表2.11可知：

（1）2012年6月（第一次治理后）~2014年9月（第二次治理前）期间，工业河的整体水质优于第一次治理前（2005年10月），这一方面与第一次治理时的底泥疏浚相关，另一方面与第一次治理后的河道沿岸截污有关。

（2）第二次治理过程中（2014年10月~2015年12月），工业河水质变化十分紊乱且严重恶化，这与河道底泥疏浚和护岸改建工程的施工干扰有关：河水被抽干，河内积水主要是污水；底泥的搅动与释放。

（3）第二次治理后（2016年1月~2016年4月），工业河水质明显好转，其中，P值（综合污染指数）和A值（有机污染指数）由严重污染水平降低到重污染水平和中度污染水平，营养分级也由重度富营养下降到中度富营养和轻度富营养。

2. 底质

分别于2015年12月15日（冬季）和2016年3月21日（春季）采集第二次治理后的工业河表层底泥（工业河最西段、里店铺、断桥3个点位），监测结果分别与第一次治理前后的进行比较，如表2.13所示。

工业河底泥中有机质、氮和磷含量比较（g/kg）			表2.13
时间	有机质	全氮	全磷
2005.11.9（第一次治理前）	264 ± 65.75	6.24 ± 1.76	5.99 ± 2.26
2006.9.15（第一次治理后）	176 ± 16.99	4.10 ± 0.55	4.13 ± 0.95
2015.12.15（第二次治理后）	59.55 ± 6.26	3.59 ± 0.63	1.38 ± 0.14
2016.3.21（第二次治理后）	59.92 ± 25.03	3.36 ± 0.63	1.78 ± 0.49

从表2.13可知：每一次的治理均使得工业河底泥中污染物含量显著降低，而且，第二次的治理后底泥中污染物含量的下降幅度更大。

参照表2.11的第二次疏浚量数据和表2.13的第一次治理后底泥污染物含量数据，可以估算出第二次治理时通过疏浚从工业河输出的污染物总量分别为：有机质599.7吨、全氮2.6吨、全磷13.1吨。

2.5 案例小结

（1）工业河是上海市中小型河道中典型的黑臭代表。生活污水和工业废水的大量入河且很难阻断是造成工业河严重污染和长期黑臭的主要原因。

（2）过量纳污导致工业河底泥淤积量大且污染程度高，成为影响水质的重要因素。

（3）受排污、调水和桥涵等的影响，工业河的水质和底泥形成明显的空间分区：从东到西水质逐渐变差，西段底泥淤积量及污染程度较东段更多、更重，并形成西黑（黑臭）、东绿（浮游藻）的分段景象。

（4）10年来的两次综合治理都取得了良好效果，但工业河水质仍为劣V类，其治理效果的长效性和稳定性有赖于彻底截污和定期疏浚等先导工程。2016年5月的现场调查发现，污水入河仍然是工业河治理中急需解决的问题，主要体现在：里店铺的涵管段（北段）合流污水是工业河目前最大的污染源（彩图2.10工业河污染源-里店铺的污水直排，2016年），其次，工业河桥西段的南岸仍有污水通过渗漏、溢出等方式进入工业河。随着工业河周边地区的动拆迁和土地功能置换，进入工业河的污染源结构和排污量也将发生相应变化：工业废水占比越来越低，生活污水占比越来越高；点源污染占比越来越低、面源污染占比越来越高。

第3章 上海市樱桃河环境及其治理

3.1 区域与水体概况

樱桃河地处上海市闵行区吴泾镇，其南段穿越紫竹国家高新区，北段流经华东师范大学闵行校区。樱桃河与黄浦江相通，其水文条件（水位、流速、流向）和水质环境（浊度、透明度、溶解氧）受黄浦江影响较大（张海春等，2013）。

樱桃河宽度10~15 m，水深1.0~1.5 m，周边环境开阔，建筑密度低，人流稀少，绿化较多。

樱桃河地理区位及周边概况见图3.1。

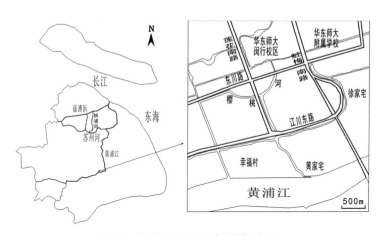

图3.1　樱桃河地理区位及周边概况

3.2 背景调查与分析

对治理前的樱桃河的污染源、桥涵护岸、水质等生态环境状况进行了调查：

3.2.1 污染源

樱桃河流经村镇（吴泾镇）、大学校园（华东师范大学闵行校区）及紫竹高新工业园区，治理前的污染源主要有村镇生活污水及园区工业废水的漏排，地表径流及河道淤积的底泥释放等三个方面。

3.2.2　桥涵和护岸

樱桃河（东川路段）在莲花南路上设有南木桥一座，莲花南路与江川东路交叉口处有一座桥，名为樱桃河桥。樱桃河护岸类型以浆砌块石型铺砌护岸为主，且多处存在破损。

3.2.3　水质

表3.1为樱桃河2011年秋冬季节的基本水质状况。主要污染因子为COD_{Cr}，其含量约为地表水Ⅴ类水标准限值的2倍（张舟等，2012）。

治理前樱桃河水质状况（2011年）				表3.1
pH	Cond （μs/cm）	COD_{Cr} （mg/L）	NH_4^+-N （mg/L）	TP （mg/L）
均值　　7.5	40	78.38	1.02	0.32

3.3　治理方案与工程实施

3.3.1　治理方案

上海市有关部门分批对樱桃河各段开展了外源截污、内源疏浚、护岸改建、生态重建等工程建设。

3.3.2　工程实施

1. 外源截污

高新区建成区污废水100%纳管。部分企业自设小型污水处理站，经处理站处理厂区的生产、实验和生活废水，达标后再将废水排入市政污水管网。污废水纳入吴闵污水外排系统进入白龙港污水厂处理。

2. 内源疏浚

采用带水挖泥船清淤疏浚工艺（彩图3.1　樱桃河中挖泥船）。

3. 护岸改建

（1）新建护岸

新建护岸以混凝土台阶式护岸为主，其断面形式为混凝土重力式结构，墙身及压顶采用浆砌块石，基础为钢筋混凝土基础。

（2）生态护岸

樱桃河（东川路段）所处为国家级高新区，设置滨岸带为土壤斜坡，斜坡岸带宽10 m，坡角约为11°，在缓冲区与斜坡岸带之间种植大量垂柳和灌木，斜坡为草地（彩图3.2　樱桃河生态护岸）。

（3）亲水平台

在樱桃河沿岸建设景观步道，每隔100 m建设亲水平台1处，采用C25钢筋混凝土结构，顶板为梁、板体系，基础为柱下条形基础。由于亲水平台靠近河水，汛期易被河水淹没并有泥浆残留。

4. 生态重建

（1）沉水植物

沉水植物以菹草为主（彩图3.3　樱桃河沉水植物），但受黄浦江高浊度江水的影响，沉水植物长势不够理想，盖度仅为5%左右。

（2）水生动物放养

放养的鱼类包括餐条鱼、鳊鱼、鲫鱼、鲢鱼、泥鳅和黄鳝等。

5. 河道管理维护

定期对河道中的沉水植物进行收割（彩图3.4　樱桃河沉水植物收割）

3.4　治理效果

樱桃河综合整治工程于2012年末完工。水质监测结果表明，该工程取得了良好效果。

3.4.1　水质

于2012年7月至2014年11月对樱桃河（东川路段）水质进行了跟踪监测与分析（图3.2），结果见图3.3~图3.18。

图3.2　樱桃河（东川路段）水质采样点位分布

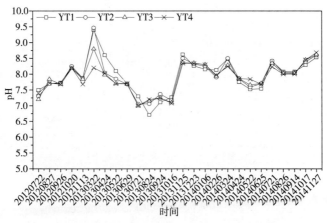

图3.3　樱桃河河水的pH值时空分布（2012～2014年）

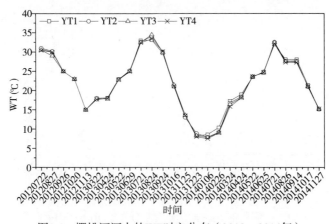

图3.4　樱桃河河水的WT时空分布（2012～2014年）

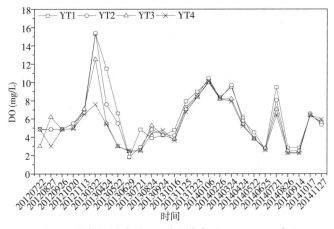

图3.5　樱桃河河水的DO时空分布（2012～2014年）

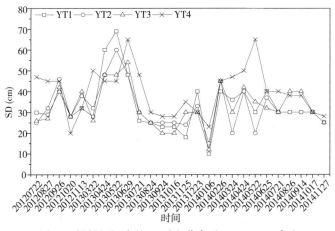

图3.6　樱桃河河水的SD时空分布（2012～2014年）

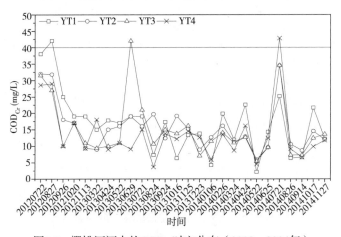

图3.7　樱桃河河水的COD$_{Cr}$时空分布（2012～2014年）

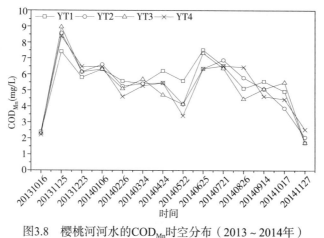

图3.8　樱桃河河水的COD_{Mn}时空分布（2013～2014年）

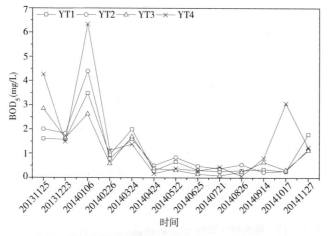

图3.9　樱桃河河水的BOD_5时空分布（2013～2014年）

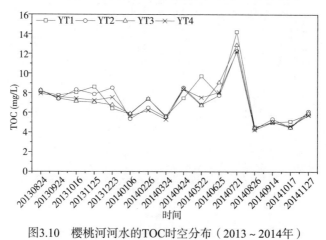

图3.10　樱桃河河水的TOC时空分布（2013～2014年）

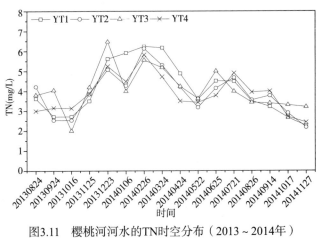

图3.11　樱桃河河水的TN时空分布（2013～2014年）

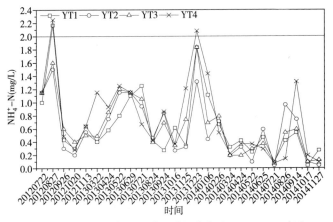

图3.12　樱桃河河水的NH_4^+-N时空分布（2012～2014年）

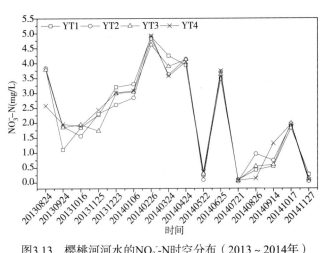

图3.13　樱桃河河水的NO_3^--N时空分布（2013～2014年）

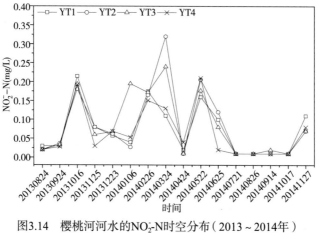

图3.14 樱桃河河水的NO$_2$-N时空分布（2013～2014年）

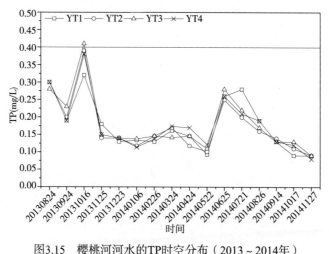

图3.15 樱桃河河水的TP时空分布（2013～2014年）

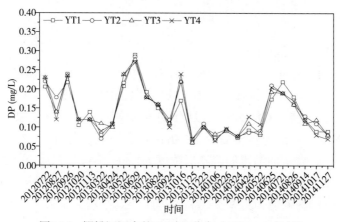

图3.16 樱桃河河水的DP时空分布（2012～2014年）

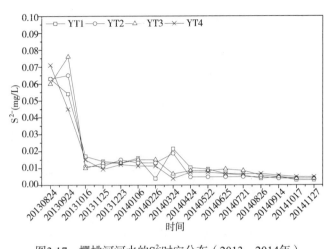

图3.17 樱桃河河水的S²⁻时空分布（2013～2014年）

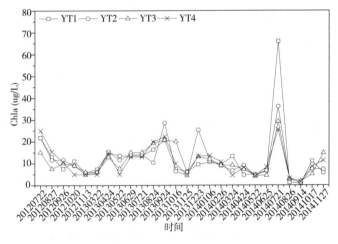

图3.18 樱桃河河水的Chla时空分布（2012～2014年）

由图3.3~图3.18可以看出，

（1）樱桃河河水pH变化范围为6.71~9.47，平均值为7.92，偏碱性；4个采样点位水温随季节变化明显，符合不同季节的气温变化特征，各采样点位之间的水温无显著差异；受黄浦江潮汐影响，樱桃河水体透明度随时间变化幅度较大，变化范围为10~69 cm，均值为34.55 cm，约为丽娃河透明度值的1/2（主要受黄浦江输入泥沙的影响）；樱桃河河水的溶解氧浓度为1.80~15.4 mg/L，均值为5.74 mg/L，各点位之间DO差异较小，采样期间共计14.62%的监测点位河水的DO浓度出现过饱和现象，DO的低值为劣V类、高值为Ⅰ类、平均为Ⅲ类（河流），冬季DO高、夏季DO低。

（2）樱桃河河水的COD_{Cr}浓度变化较大，其浓度为2.16~42 mg/L，均值为15.27 mg/L；高锰酸盐指数值为1.73~8.96 mg/L，均值为5.31 mg/L，BOD_5平均浓度为1.20 mg/L，均已达到地表水III类水标准。COD_{Cr}：低值为I类，高值为劣V类，平均为III类。COD_{Mn}：低值为I类，高值为V类，平均为IV类；BOD_5：低值为I类，高值为V类，平均为I类。

（3）樱桃河河水的TN浓度为1.99 ~6.47 mg/L，均值为3.99 mg/L，按照地表水V类标准限值要求（湖库），属于劣V类。樱桃河水中的TN以NO_3^--N为主，与丽娃河水质类似，所占比例最高为99.71 mg/L，这是由于富氧条件下氨氮转化为硝酸盐氮的速率加快所致。NH_4^+-N平均浓度为0.66 mg/L，已达到地表水III类水标准，NH_4^+-N的低值为I类、高值为劣V类、平均为III类（河流）。

（4）樱桃河河水的TP浓度为0.08~0.39 mg/L，均值为0.18 mg/L，已达到地表水III类（河流）和地表水V类（湖库），且磷的形态以溶解性磷为主，DP占TP比例最高达94.74%，平均为71.25%。TP的低值为II类、高值为V类、平均为III类（河流）。

（5）采样周期内，樱桃河Chla浓度变化范围为0.86~65.98 µg/L，均值为11.32 µg/L，与同期丽娃河的Chla浓度相近，但樱桃河的水文条件、河水浊度及水生植物情况与丽娃河有很大差异。

将所测水质数据进行Pearson相关性分析（表3.2），可以看出，樱桃河河水的DO含量与pH（$p<0.01$）成显著正相关关系，与WT（$p<0.01$）和DP（$p<0.01$）成显著负相关关系。水温升高，水中饱和DO含量下降。透明度随着水中DP浓度的升高而显著增加（$p<0.05$）。

2013-2014年黄浦江水质均值（张以晖，2015）　　　　　　　表3.2

	DO（mg/L）	COD_{Mn}（mg/L）	COD_{Cr}（mg/L）	BOD_5（mg/L）	NH_4^+-N（mg/L）	TP（mg/L）	TN（mg/L）
汛期	3.92 ± 1.44	5.98 ± 0.93	18.12 ± 3.83	3.78 ± 1.04	0.64 ± 0.29	0.23 ± 0.07	3.59 ± 0.55
非汛期	6.44 ± 1.16	5.50 ± 1.01	17.20 ± 2.51	3.55 ± 0.70	1.19 ± 0.60	0.21 ± 0.05	4.66 ± 0.85

通过比较图3.3 ~ 图3.18和表3.2可知：樱桃河的整体水质与同期黄浦江的相近，但樱桃河水质变化幅度更大。

樱桃河水质Pearson相关性分析结果（2012 ~ 2014年）　　　表3.3

	pH	WT	DO	SD	NH_4^+-N	DP	COD_{Cr}	Chla
pH	1							
WT	−0.580**	1						

续表

	pH	WT	DO	SD	NH$_4^+$-N	DP	COD$_{Cr}$	Chla
DO	**0.673****	**−0.648****	1					
SD	−0.041	0.047	−0.209	1				
NH$_4^+$-N	−0.161	−0.038	−0.036	0.194	1			
DP	**−0.548****	**0.584****	**−0.591****	**0.429***	0.185	1		
COD$_{Cr}$	−0.113	**0.417***	−0.051	0.092	0.276	**0.439***	1	
Chla	−0.18	0.365	0.102	−0.11	0.054	0.306	**0.657****	1

注：*表示在 0.05 水平（双侧）上显著相关；**表示在0.01 水平（双侧）上显著相关。

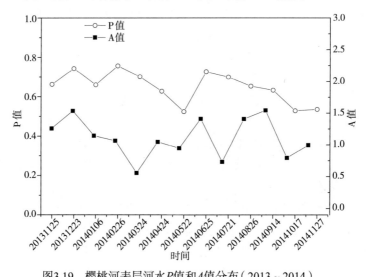

图3.19　樱桃河表层河水P值和A值分布（2013～2014）

　　取每月各监测点均值，参照地表水环境质量Ⅴ类水标准（河流），计算樱桃河综合污染指数P和有机污染指数A（图3.19）。由图3.19可知，樱桃河综合污染指数P值在监测周期内各时间点P值均小于1，处于中污染水平以下，69.23%的监测点位P值小于0.7，处于轻污染水平。有机污染指数A除2012年8月和2013年6月外均小于2，处于一般污染水平，处于较好水平的监测点位占38.46%。

樱桃河营养状态等级详表（2013～2014年）		表3.4
日期	TLI值	营养状态等级
2013年8月	51.8	轻度富营养
2013年9月	53.2	轻度富营养
2013年10月	51.7	轻度富营养
2013年11月	48.5	中营养
2013年12月	49.8	中营养

日期	TLI值	营养状态等级
2014年1月	50.1	轻度富营养
2014年2月	49.7	中营养
2014年3月	48.5	中营养
2014年4月	48.1	中营养
2014年5月	39.4	中营养
2014年6月	48.6	中营养
2014年7月	59.3	轻度富营养
2014年8月	42.7	中营养
2014年9月	39.5	中营养
2014年10月	47.3	中营养
2014年11月	46.4	中营养

由表3.4可知：樱桃河的营养状态以中营养为主（约占69%），其次为轻度富营养（约占31%），与同期的丽娃河相似。

3.4.2　水生态

樱桃河经整治后，河道水生生态得到部分恢复，但种植的菹草在黄浦江潮汐（浊度高、流速快）的影响下，长势不够理想，仅在樱桃河边较浅处发现了少量菹草，覆盖面积不足5%（刘善文，2014），这是因为潮汐作用带来的泥沙增加了樱桃河的浑浊度，影响了水生植物的光合作用。

河道整治后，河中鱼类数量有所增加，垂钓者时常出现。经调查，水中有鱼类6种（餐条鱼、鳊鱼、鲫鱼、鲢鱼，也有泥鳅和黄鳝等）隶属2目（合鳃鱼目、鲤形目），3科（合鳃鱼科、鳅科、鲤科），6属（黄鳝属、泥鳅属、鲢属、鲫属、鲦属、鳊属），垂钓者每人每天渔获约1kg。

3.5　案例小结

（1）樱桃河周边为大学园区和国家高新产业区，其污染源以面源为主。

（2）樱桃河是上海市境内的郊区一条感潮河流，其水文、水质和生态受黄浦江涨落潮的影响较大。

（3）经治理后，樱桃河河水的COD_{Mn}、BOD_5、COD_{Cr}等有机物指标值和TP浓度均已达到地表水III类水标准，樱桃河水中的氮以NO_3^--N为主，磷则以DP为主。

（4）经治理后，樱桃河生物多样性明显增加，景观功能得到改善，水生生态得以部分恢复。

第4章 杭州龙泓涧环境及其治理

4.1 区域与水体概况

杭州西湖是驰名中外的游览胜地，已于2011年列入世界文化遗产名录，吸引了无数的中外游客。

杭州西湖的富营养化起始于20世纪50年代，随后逐渐加剧。据资料（程咏等，2002；吴洁等，2001）报道，1999年西湖主要湖区叶绿素 a 含量年变化在41.16 ~ 191.26 μg/L之间。富营养化是危害西湖生态环境和旅游景观的大问题，与其他城市湖泊相比，杭州西湖的水体污染以总氮超标为主。

龙泓涧，又名玉钩涧，位于西湖西南，是杭州西湖上游四大入湖溪流之一。在历史上，龙泓涧曾是水域广阔、草木丰盛之地，是人们结伴外出郊游的绝佳场地。

通过长期的开发和建设，目前龙泓涧景区主要有山林、茶园、湿地以及上下茅家埠（村）等用地类型。据资料（徐丹亭，2013）报道，龙泓涧总氮浓度远高于西湖总氮浓度。因此，龙泓涧不仅是西湖补给水源之一，也是西湖氮污染物来源之一。治理龙泓涧事关西湖富营养化控制乃至整个西湖景区的可持续发展。

龙泓涧分为主流和支流两支，其主流源起风篁岭东龙井泉（彩图4.1 龙泓涧龙池（主流源头）），沿龙井路蜿蜒至茅家埠汇入西湖，长约2.8km，其支流从月桂峰山脚发源（彩图4.2 龙泓涧月桂峰（支流源头）），沿普福岭路至茅家埠汇入西湖，长约1.4km。龙泓涧主流的下游是五级梯级湿地塘（彩图4.3 龙泓涧主流梯级塘），支流的下游是四级梯级湿地塘（彩图4.4 龙泓涧支流梯级塘）。龙泓涧的补给水除降雨及径流之外，还有西湖的逆向调水（从低向高倒抽供水）（彩图4.5 龙泓涧西湖逆向调水）。西湖向龙泓涧的逆向调水是因观光旅游（"潺潺流水"）而设，并受人工泵站（茅家埠泵站）控制，仅用于旱天的定时（8:00am到10:00pm）补水。

龙泓涧主流下游设有五级梯级塘（表4.1），总水面面积约27 876 m²，平均水深约1.0 m，总停留时间约2.8天。

龙泓涧主流五级塘水文状况				表4.1
	第一级	第二级	第三级	第四级	第五级
面积（m²）	3674	5556	1660	3017	13969
水深（m）	0.9	1.2	0.9	0.9	0.9

龙泓涧支流下游设有四级梯级塘（表4.2），总水面面积约24 238 m²，平均水深约1.2 m，总停留时间约3天。

龙泓涧支流四级塘水文状况			表4.2
	第一级	第二级	第三级	第四级
面积（m²）	3844	1996	6287	12111
水深（m）	0.9	1.4	1.1	1.2

如图4.1所示是龙泓涧流域范围（边界）、高程地形以及主流、支流的分布，从图中可以看出：主流自南向北、支流自西向东汇入茅乡水情进入西湖，梯级塘（五级、四级）位于整个流域下游的低平区域。

图4.1　龙泓涧流域（范围、地形、溪流分布）

龙泓涧流域是我国著名的龙井茶主产地之一，流域内茶园面积约为1488.4亩，品茶成为龙泓涧特色旅游项目之一。

4.2　背景调查与分析

4.2.1　景观类型及特征

近年来，从流域的景观结构和格局角度出发，综合研究流域景观特征和水环境质量的响应关系成为热点，以期找到更有效的水环境保护的方法和途径，并获得两者间的和谐与协调（刘素芳，2015）。

1. 不同景观类型的空间分布特征

龙泓涧是西湖上游的自然溪流，该流域的景观类型丰富且具有鲜明的特点，既包括森林等植被覆盖的自然山脉，又包括以种植茶园为生的村落，还包括以"茶文化"为主题的旅游区、商业区，同时存在由溪流和周围环境共同构成的湿地系统。

根据现场调查与分析结果，该流域主要可分为5种景观类型：建筑用地、森林、城市绿化、茶园和水体，具体情况可见该流域的景观类型图（彩图4.6　龙泓涧流域景观类型图），可以看出：森林这种景观类型占龙泓涧整个流域范围的比重很大，主要分布在人类活动较少的山上；建筑用地主要分布在龙泓涧流域的3个自然村落、旅游区和周边的道路；而城市绿化则多环绕建筑用地和水体，主要分布于居民区、旅游区、水体和道路周围等区域；茶园的规模较大、范围较广，主要集中在村落附近和水体附近，还有一部分存在于森林中；龙泓涧流域水体的分布特点鲜明，主要由流域上游的山涧溪流和下游的梯级塘构成。水体的主要部分是下游的梯级塘，分布于人类活动较多的区域内，受人类活动的影响也比较大。

2. 不同景观类型的面积特征

由彩图4.7（彩图4.7　龙泓涧流域景观类型百分比）可以看出，龙泓涧流域的5种景观类型中，所占面积比例为：森林（62.2%）＞茶园（15.1%）＞建筑用地（14.9%）＞城市绿化（6.8%）＞水体（1.1%）。森林面积所占比重最大，这是因为该流域存在着自然山脉，生长着大片的森林。茶园面积也占有较大的比重，其原因是龙泓涧流域的3个自然村落的村民大多以茶叶产销为主要经济来源，该流域的农业用地主要是茶园。建筑用地面积比重与茶园相当，主要是包括居民区和旅游区的建筑、餐饮服务业的建筑和道路。而水体的面积比重最小，为1.1%。其主要原因是龙泓涧流域的山地较多、平地较少，汇水面积较大，而流域上游多为山涧，水域面积较窄，下游是几个连续的梯级塘，总体水域面积较小，所以使得水体在整个流域所占的面积比重较小。

　　3. 不同景观类型的密度特征

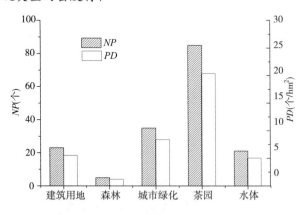

图4.2　龙泓涧不同类型景观的*NP*和*PD*

　　由图4.2可以看出，龙泓涧流域5中不同类型景观的斑块个数（*NP*）为茶园＞城市绿化＞建筑用地＞水体＞森林，斑块密度（*PD*）为茶园＞城市用地＞建筑用地＞水体＞森林，*NP*与*PD*的分布规律一致。这是因为茶园的分布较广，形状多样，大小不一，既有成规模分布的大片茶园，又有零星分布的小块茶园，多分布在建筑附近或者散布在森林中。整个流域中森林的面积比重较大，但是分布较为集中，均为聚集分布的大斑块，所以森林的斑块个数和斑块密度均较低。

　　4. 人类活动干扰对不同景观类型的影响

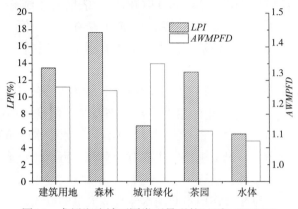

图4.3　龙泓涧流域不同类型景观的*LPI*和*AWMPFD*

*LPI*的意义是不同景观类型中最大斑块占该景观类型面积的比例，与优势景观类型的确定有关，*AWMPFD*则表示景观的空间形状复杂性，*LPI*和*AWMPFD*在一定程度上均可反映人类活动对景观的影响。*AWMPFD*的取值范围多为$1 \leqslant AWMPFD \leqslant 1.5$。景观的空间复杂性随*AWMPFD*值的升高而增加。由图4.3可以看出，5种类型景观的空间复杂性为城市绿化＞建筑用地＞森林＞茶园＞水体，即城市绿化斑块的形状最为复杂，而水体的形状则相对简单。*AWMPFD*指数与人类活动的干扰成反比，也就是说5种类型景观易受人类干扰程度从高到低依次为水体＞茶园＞森林＞建筑用地＞城市绿化。由*LPI*指数的分布规律也可以看出，相对于其他类型的景观，水体的值最低，这表示水体更容易受到人类活动的影响。综上可以得出，水体是最易受人类活动干扰影响的景观类型，水体水质的好坏与人类活动息息相关。

5. "源""汇"景观指数

为了量化分析不同类型的景观对环境污染的贡献程度，引入"源"景观指数（*YI*）和"汇"景观指数（*HI*）分别表示"源"景观类型和"汇"景观类型对环境污染的贡献值，并计算"源"-"汇"景观对比指数（*R-YHI*）。当某种景观类型对污染物的吸纳量小于输出量时，定义该景观类型为"源"景观；相反的，当某种景观类型对污染物的吸收量大于输出量时，定义该景观类型为"汇"景观。

计算得"源""汇"景观指数值（表4.3）。

"源""汇"景观指数			表4.3
指数类型	*YI*	*HI*	*R-YHI*
值	0.11	0.24	0.34

表4.3计算结果显示*HI*（0.24）＞*YI*（0.11），表明龙泓涧流域尺度内景观对污染物的截留能力大于对污染的贡献能力；*R-YHI*=0.34为正值，表明该流域的景观对污染物具有削减作用，该流域的景观分布有利于污染物的去除，对环境保护有促进作用。

通过水生生态修复工程，目前龙泓涧保留了梯级塘原有的风貌，并栽种了大量水生植物，构建了具有净化作用的湿地生态系统。主流的环境优美，山青水绿，植被覆盖率很高，岸边分布有不同种类的树木，水中水生植物种类很多，包括沉水植物、浮叶植物、挺水植物，主要有金鱼藻、菹草、荇菜、黑藻、睡莲、再力花、芦苇等二十余种，呈现一片生机盎然的景象。这些水生生物吸收水体及底泥中的营养盐，通过光合作用不断向水体释放大量的氧气，促进有机污染物和无机还原物的氧化分解，促进和维护底泥表层成为氧化态的稳定层，抵制内负荷的释放，改善了水体理化环境，有利于水生态系统的恢复。另外，由乔灌木、草坡为主构建的滨岸带具有稳定河岸、控制土壤侵蚀、净化地表径流的护岸功能，对水陆生态系统的物流、能流、信息流和生物流发挥过滤器和屏障作用。

4.2.2　污染源

龙泓涧流域的集水面积较大，其支流主要汇集月桂峰、吉庆山、龙井山、鸡笼山等处的山涧溪流和降雨径流以及茶园、农居点、旅游景点产生的生活废水。目前，龙泓涧流域内没有工厂，农家乐及茶园为居民主要经济来源。流域内居民区都已敷设排污管道，点源污染已经得到控制。流域内农业用地均种植龙井茶。茶园每年施肥两次，采用有机肥与复合肥相结合的施肥方式，分别是每年的春季和秋季，春季以氮肥和复合肥为主、农家肥为辅。春季施肥多为含有氮磷钾的复合肥，施肥量约在20～90 kg/亩/年。秋季施肥多为菜饼或农家肥，施肥量约为500 kg/亩/年。该流域内主要分布三个自然村：龙井村、双峰村和茅家埠村，住户约为1012户，总人口约1912人，由于非点源污染的影响，龙泓涧及其支流的氮污染居高不下，尤其是总氮含量劣于地表水 V 类水质标准（湖库），远高于西湖水体中总氮浓度，且以硝态氮为主要形态存在，总体水质呈现"富氧、低碳、低磷、高氮"特点。

于2013～2015年采集龙泓涧主流和支流水样开展了氮污染源同位素示踪分析，结果见彩图4.8～彩图4.10，可知：

（1）龙泓涧的硝氮主要来源于茶园（tea plantation），其次来源于森林（forest），而交通运输（transportation），居民点（residents）和降雨（rainfall）的"贡献"很小。

（2）龙泓涧流域内茶园种植中施用的肥料、土壤及氨氮的硝化是导致其高浓度硝氮水质之本。另外，该流域的森林面积大且森林里累积的植物残体丰富，其分解物中所含的氮素污染物通过淋溶和冲刷进入地下水和溪水，也是硝氮的来源之一。

本研究结果与同行的基本一致。董亮（2001）研究表明，由径流带入非点源污染负荷已成为西湖流域的最大输入源，占氮负荷量的48%，磷负荷量的52%。

4.3　治理方案与工程措施

4.3.1　治理方案

"十一五"期间，为控制西湖富营养化、净化入湖溪流水质、改善和丰富区域景观，杭州市有关部门在龙泓涧实施了生态环境治理，总投资约1000万元，总治理面积8.5 hm²，通过生态溪床修复、地表径流沟渠截留处理、生物填料接触氧化、生态塘以及湖滨带湿地净化等工程的实施，达到削减入湖污染负荷的目标（刘言正等，2015）。

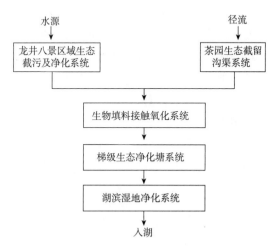

图4.4　龙泓涧治理工艺流程图

4.3.2　工程措施

（1）地表径流生态截留系统

地表径流生态截留系统包括龙井八景区域生态截污及净化系统和茶园生态截留沟渠系统（彩图4.11　龙泓涧生态沟截留系统）两部分，包括管道收集、滤料铺设、边坡加固、护岸植被恢复等，共建设完成总长为343 m的生态截滤沟渠系统以及总长为1 482 m的溪流原位净化系统。

（2）生物填料接触氧化系统

分别在主、支流的跌水区域铺设沸石、砾石等天然矿物材料，形成以沸石（522 m³）、砾石（1566 m³）为填料的生物接触氧化系统（彩图4.12　龙泓涧生物接触氧化系统），通过填料的沉淀、过滤、吸附以及附载在填料中的生物膜降解等净化水质。

（3）梯级生态净化塘系统

该工程主要包括生态导流墙建设和水生植被重建两部分，在主、支流的各梯级塘内建设。

生态导流墙建设：由松木桩和土工布构成，导流墙总长1652 m，类似于自来水厂折板式反应池，使得水流在梯级塘内行"之字形"走向（彩图4.13　龙泓涧生态导流墙）。通过该导流墙的实施，有效地改善了梯级塘内的流态、延长了水力停留时间，促进了悬浮物沉淀和水质的澄清，对区域的景观品质提升和沉水植物生长提供了良好保障。另外，生态导流墙的松木桩和土工布不仅可以覆生物膜，而且可以附载螺、蚌等软体动物，共同净化水质。

水生植被重建：采用春夏秋冬四季品种混植当地的土著水生植物23种，包括挺水植物、浮叶植物、沉水植物等，总面积达53 903 m²。通过水生植被的过滤、沉淀、吸收、固定、放氧等作用净化水质。

（4）湖滨湿地净化系统

经梯级塘净化后，龙泓涧主、支流汇入茅乡水情湖滨湿地净化系统。该湿地系统以湖滨漫滩为主，主要配置挺水植物和浮叶植物，水流在植被内穿行过程中通过土壤、植物、根垫层及生物膜的物理、化学、生物作用得到进一步净化。

4.4　治理效果

4.4.1　水质

于2014年1月至2014年12月对龙泓涧主流和支流的15个点位（表4.4）进行了水质监测。

龙泓涧水样采集与监测点位　　　　　　　　　　表4.4

采样点编号	采样点位标志	GPS
L 1	龙池	120° 6'30.90"E, 30° 13'32.73"N
L 2	龙池右上方潭	120° 6'29.99"E, 30° 13'34.03"N
L 3	春夏秋冬农家乐	120° 6'56.29"E, 30° 13'48.93"N
L 4	家蚕前溪流	120° 7'3.45"E, 30° 14'5.85"N
L 5	主流一级塘出口	120° 7'7.31"E, 30° 14'5.95"N
L 6	主流二级塘出口	120° 7'10.26"E, 30° 14'8.83"N
L 7	主流三级塘出口	120° 7'13.11"E, 30° 14'12.30"N
L 8	主流四级塘出口	120° 7'14.01"E, 30° 14'13.86"N
L 9	主流五级塘出口	120° 7'12.30"E, 30° 14'20.05"N
Z 1	支流源头	120° 6'29.99"E, 30° 14'22.90"N
Z 2	支流一级塘入口	120° 6'53.25"E, 30° 14'31.01"N

续表

采样点编号	采样点位标志	GPS
Z3	支流一级塘出口	120° 6'56.80"E, 30° 14'31.94"N
Z4	支流二级塘出口	120° 6'58.99"E,30° 14'32.26"N
Z5	支流三级塘出口	120° 7'2.34"E, 30° 14'33.73"N
Z6	支流四级塘出口	120° 7'7.34"E, 30° 14'34.46"N

1. 水质时间特征分析

（1）主流

主流水质随时间变化情况如下图（图4.5）所示。

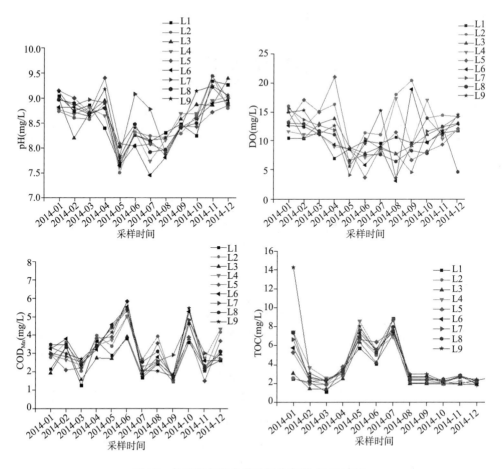

图4.5　龙泓涧主流水质时间分布图（2014年）

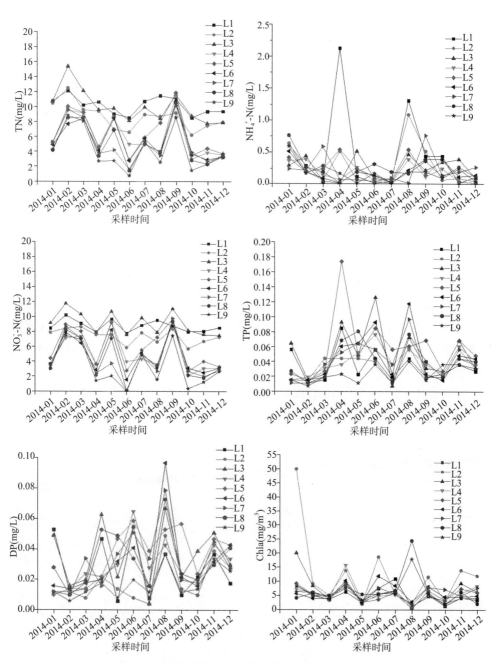

图4.5　龙泓涧主流水质时间分布图（2014年）（续）

由图4.5可以看出：

1）主流pH的全年变化在7.45~9.43之间，DO的全年变化在3.08~21.02 mg/L

之间并呈现明显的季节特征（水温变化）。龙泓涧很高的DO含量一方面与其溪流的高程落差大、流速快、复氧能力强有关，另一方面与其有机物浓度低有关。

2）主流溪水中的有机物浓度低，其中，COD_{Mn}达到了地表水Ⅲ类标准，年均值达到了Ⅱ类标准。溪水中有机物（TOC、COD_{Mn}）浓度随时间有一定的波动，可能与水生植物生长及降雨周期等有关。

3）主流水中NH_4^+-N浓度基本都在1.0 mg/L以下，达到了地表水Ⅲ类标准。

4）主流各点TN的值随时间变化很大，在0.80~15.40 mg/L之间，但规律明显，各点均在2月和9月出现峰值，在6月和10月出现最低值。分析原因可能一方面是因为2月和10月份属于枯水期，水位相对较低，水流动性较差，水体自净能力减弱，另一方面是因为茶园的施肥（春季和秋季）所致。除个别采样点的少数月份，大多数的TN浓度均在2.0 mg/L以上，属于劣Ⅴ类水体，TN的最高浓度甚至是Ⅴ类地表水标准限值的8倍（湖库）。

5）对比分析NO_3^--N浓度和TN浓度随时间的变化可以发现，二者的变化趋势相似度很高，而且，NO_3^--N在TN中的占比约90%，NO_3^--N是龙泓涧需要去除的最重要营养盐。

6）主流各采样点TP浓度均在0.2 mg/L以下，属于Ⅲ类水（河流）和Ⅴ类水（湖库），大部分采样点TP浓度甚至在0.1 mg/L以下，属于Ⅱ类水（河流）和Ⅳ类水（湖库）。

7）除个别点位外，主流的Chla普遍处于较低水平，这可能与龙泓涧水流速度快、磷盐浓度低以及上游的陆生植物遮阳（梯级塘以上的溪流宽0.5~1.5 m，平均宽约1 m）和下游的梯级塘内水生植物抑藻等有关。

（2）支流

龙泓涧支流6个点位的水质随时间变化情况如下图4.6所示。

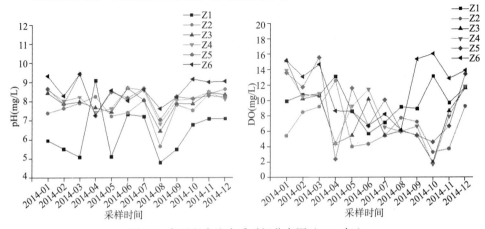

图4.6　龙泓涧支流水质时间分布图（2014年）

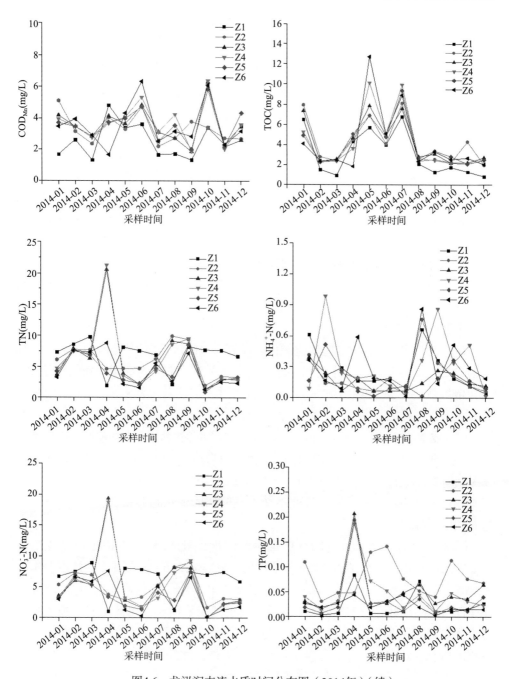

图4.6　龙泓涧支流水质时间分布图（2014年）（续）

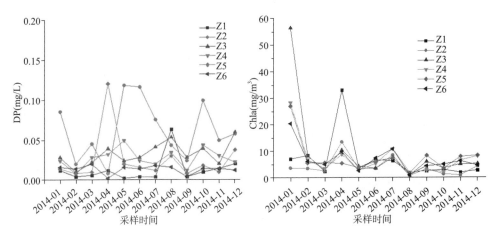

图4.6　龙泓涧支流水质时间分布图（2014年）（续）

由图4.6可以看出：

（1）支流水体pH和DO的变化规律性不强，pH的变化范围为4.81~9.44。采样点Z1是支流的源头，补给水为山泉水，与其他采样点相比pH一直偏低。支流DO变化范围较大，为1.71~16.02 mg/L。综合来看，支流各采样点的DO平均含量满足地表水Ⅲ类标准。

（2）支流水中NH$_4^+$-N浓度在0.02~0.99 mg/L之间波动，满足地表水Ⅲ类标准。

（3）支流各采样点水中的TN浓度变化范围为1.01~21.28 mg/L，大多超过地表水Ⅴ类标准（湖库），最高TN浓度21.28 mg/L，是地表水Ⅴ类标准（湖库）的限值约10倍。和主流一样，NO$_3^-$-N和TN浓度随时间的变化趋势相似度很高，NO$_3^-$-N是TN中的主要组成。

（4）支流各采样点的水中TP和DP的浓度变化不大，TP浓度变化范围为0.004~0.20 mg/L 之间，DP浓度变化范围为0.002~0.12 mg/L 之间。TP浓度基本在0.2 mg/L以下，满足地表水Ⅲ类标准（河流）和Ⅴ类标准（湖库）。但无论是TP还是DP浓度，采样点Z2的值全年范围内高于其他采样点，尤其是农药喷洒期，这主要是因为采样点Z2处存在茶农在此处取水稀释农药或者清洗农药瓶或农药器械的情况，导致此采样点磷含量的增高。另外，此处是西湖水补给龙泓涧支流的补水点，是支流污染物含量较高的点。

总之，龙泓涧主流水体各指标随时间变化呈现一定的规律化，整体水质良好，除含氮污染物浓度较高以外，其他水质指标均可满足地表水Ⅲ类标准（河流）。因此，对氮的去除是龙泓涧主流水质改善的重点。

2.　水质空间特征分析

取每个采样点的全年每个月（2014年1月～12月）水质指标测量值的平均值，分析得出龙泓涧流域主流和支流水质随空间变化的总分布图，如图4.7所示。

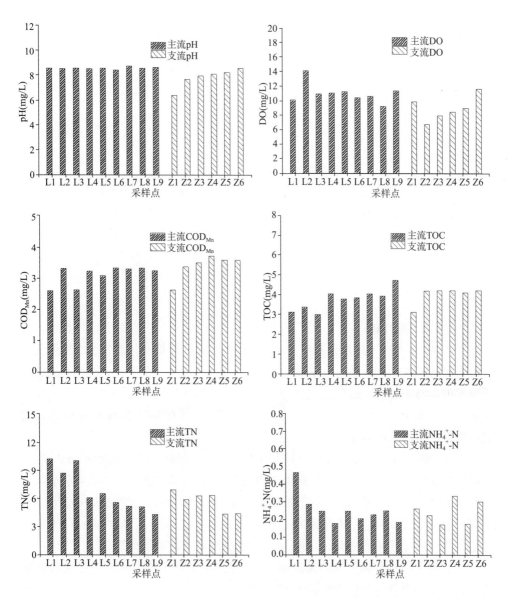

图4.7　龙泓涧水质空间分布图（2014年）

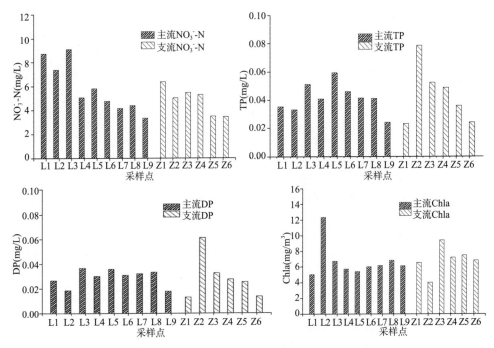

图4.7　龙泓涧水质空间分布图（2014年）（续）

由图4.7分析可知：

（1）主流：NO_3^--N浓度从梯级塘入口L4的5.2 mg/L降低到末端L9的3.3 mg/L，下降幅度达36.5%，TN浓度从梯级塘入口L4的5.9 mg/L降低到末端L9的4.4 mg/L，下降幅度达25.4%，TP浓度从梯级塘入口L4的0.04 mg/L降低到末端L9的0.02 mg/L，下降幅度达50.0%。但，梯级塘内的有机物（TOC、COD_{Mn}）浓度从入口到末端其浓度变化很小或略有上升，可能与水生植物残体的降解释放有关。

（2）支流：NO_3^--N浓度从梯级塘入口Z2的4.7 mg/L降低到末端Z6的3.6 mg/L，下降幅度达23.4%，TN浓度从梯级塘入口Z2的5.8 mg/L降低到末端Z6的4.5 mg/L，下降幅度达22.4%，TP浓度从梯级塘入口Z2的0.08 mg/L降低到末端Z6的0.02 mg/L，下降幅度达75.0%。但，梯级塘内的有机物（TOC、COD_{Mn}）浓度从入口到末端其浓度变化很小或略有上升，可能与水生植物残体的降解释放有关。

以上说明：龙泓涧下游的梯级塘对污染物（特别是氮磷营养盐）净化功能强大，且主流梯级塘的净化效果优于支流的。

由图4.7还可以看出：

（1）龙泓涧水的pH和DO随空间变化不大，主流的pH和DO均略高于支流。主流各采样点的pH和DO值差异较小，采样点L2处DO略高于其他点位，可能与该点水体中藻类含量较多有关，而支流各采样点的pH和DO呈现下游水体高于上游水体的趋势，可能与梯级塘内水生植物的光合作用放氧有关。

（2）龙泓涧水的Chla、TOC和COD$_{Mn}$的浓度随空间变化也不大。主流采样点L2的Chla含量高于其他点位，是因为该点是一个相对封闭的水池，水体自净能力较差。支流采样点Z2是支流梯级塘的入口，其周边乔木高大、浓荫蔽日，藻类生长受到抑制，Chla含量低于其他点位。

3. 水质综合特征分析

通过对龙泓涧主流和支流的水质随时间和空间变化分布特征分析，可得出龙泓涧水质的以下特征：

（1）总体而言，龙泓涧水质呈现"富氧、低碳、低磷、高氮"特点。时间方面，水体中各污染物浓度随时间波动较大，以TN为例，变化范围在0.80~21.28 mg/L之间。空间方面，主要集中在梯级塘对氮磷污染物的去除方面，梯级塘对含磷污染物的去除效果好于对含氮污染物的去除效果，这可能与水质的N/P比以及梯级塘内的导流墙有关。

（2）TN是制约龙泓涧水质优劣的关键因素。除TN以外的水质指标，基本可满足地表水Ⅲ类标准，而TN（主要是NO$_3^-$-N）浓度远高于地表水Ⅴ类标准的限值2.0 mg/L（湖库）。其原因可能是由于茶园耕作、降雨及径流、旅游等引起的面源污染；还可能与NH$_4^+$-N在TN中占比很小，龙泓涧DO含量高，有机物降解和NH$_4^+$-N硝化彻底有关。

4. 水环境质量综合评价

选用模糊数学综合评价法对2014年1月~12的月龙泓涧水质进行评价，根据该流域的降雨量情况分为丰水期（6月~9月）、平水期（4月~5月、10月~11月）和枯水期（1月~3月、12月）。每个水期的评价数据为其各个监测点监测数据的算术平均值。

利用模糊矩阵综合评价龙泓涧主流水质的评价结果如下：

龙泓涧水质各评价因子的权重值（2014年）　　　　　　　　　表4.5

	DO	COD$_{Mn}$	NH$_4^+$-N	TN	TP
丰水期	0.199	0.044	0.027	0.672	0.058
平水期	0.235	0.055	0.027	0.606	0.077
枯水期	0.251	0.038	0.024	0.653	0.034

龙泓涧水质评价结果（2014年）						表4.6

水期	隶属度						级别
	I	II	III	IV	V	劣V	
丰水期	0.209	0.060	0.049	0.010	0	0.672	劣V
平水期	0.248	0.052	0.060	0.034	0	0.606	劣V
枯水期	0.260	0.067	0.020	0	0	0.653	劣V

（1）龙泓涧TN所占的权重最大（刘素芳，2015）。TP指标满足地表水II类（河流）和III～IV类（湖库）标准，NH_4^+-N和COD指标均满足II类水标准（河流）。对各水质指标的平均值进行单因子评价，单因子指数由大到小依次为TN>TP>COD_{Mn}>NH_4^+-N>DO，以最差水质指标决定水体综合水质级别的原则，龙泓涧主流水质属于劣V类。龙泓涧水质呈现"富氧、低碳、低磷、高氮"特点。

（2）各采样点的TN浓度均在2.0 mg/L以上（以NO_3^--N为主），浓度远高于地表水V类水质标准（湖库），TN的最高浓度为V类地表水标准限值的5倍（湖库），远高于同期西湖TN平均浓度（2.4 mg/L）。可见龙泓涧作为西湖入湖溪流，其硝氮的去除对控制西湖富营养化具有十分重要的意义。

龙泓涧营养状态等级详表（2014年）				表4.7

日期	主流		支流	
	TLI值	营养状态等级	TLI值	营养状态等级
2014年1月	70.1	重度富营养	65.9	中度富营养
2014年2月	77.9	重度富营养	72.7	重度富营养
2014年3月	76.3	重度富营养	72.3	重度富营养
2014年4月	67.2	中度富营养	75.2	重度富营养
2014年5月	69.9	中度富营养	62.3	中度富营养
2014年6月	62.6	中度富营养	59.7	轻度富营养
2014年7月	71.4	重度富营养	67.0	中度富营养
2014年8月	67.9	中度富营养	68.9	中度富营养
2014年9月	78.4	重度富营养	75.7	重度富营养
2014年10月	63.8	中度富营养	55.5	轻度富营养
2014年11月	65.3	中度富营养	61.9	中度富营养
2014年12月	65.2	中度富营养	60.3	中度富营养

由表4.7可知：在2014年的12个月中，龙泓涧（主流和支流的平均）的中度富营养占比为54%、重度富营养占比为38%、轻度富营养占比为8%。

4.4.2　底质

于2014年2、5、8、10月分别在龙泓涧主流和支流的13个点位采集表层沉积物样品，采样点位置见表4.8。

<table>
<tr><td colspan="3" align="center">龙泓涧沉积物采样点及定位　　　　　　　　　　　表4.8</td></tr>
</table>

采样点编号	采样点位标志	GPS
M1	龙池、过溪亭	121° 6'31.40″ ，30° 13'32.70″
M2	春夏秋冬农家乐前	120° 6'56.70″ ，30° 13'48.90″
M3	家蚕停车场（主流一级塘）	120° 7'7.30″ ，30° 14'6.50″
M4	饮马桥下（主流二级塘）	120° 7'10.50″ ，30° 14'9.40″
M5	主流三级塘出口	120° 7'13.70″ ，30° 14'12.40″
M6	主流四级塘出口	120° 7'14.10″ ，30° 14'14.00″
M7	主流五级塘出口	120° 7'12.70″ ，30° 14'20.20″
Z1	支流源头	120° 6'22.40 ，30° 14'25.80
Z2	支流一级塘入口	120° 6'53.80″ ，30° 14'31.30″
Z3	支流一级塘出口	120° 6'57.20″ ，30° 14'32.30″
Z4	支流二级塘出口	120° 6'54.40″ ，30° 14'32.70″
Z5	支流三级塘出口	120° 7'2.60″ ，30° 14'34.20″
Z6	支流四级塘出口	120° 7'7.90″ ，30° 14'34.70″

龙泓涧沉积物主要成分测定结果如图4.8～图4.10。

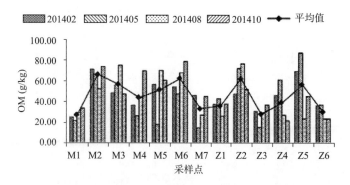

图4.8　龙泓涧沉积物有机质时空变化（2014年）

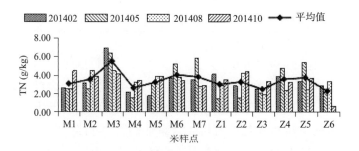

图4.9　龙泓涧沉积物全氮时空变化（2014年）

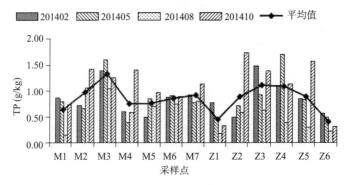

图4.10　龙泓涧沉积物全磷时空变化（2014年）

龙泓涧表层沉积物有机质(OM)含量及其组分分析（2014年）　　　　表4.9

采样点	OM (g/kg)	各组分含量及其所占有机质百分比						PQ (%)
		HM(g/kg)	HM/ OM(%)	FA(g/kg)	FA/OM(%)	HA(g/kg)	HA/ OM(%)	
M1	47.23	24.14	51.10	8.28	17.54	0.98	2.07	10.58
M2	14.48	4.33	29.93	4.73	32.68	0.50	3.44	9.52
M3	42.81	26.34	61.53	9.33	21.79	1.31	3.07	12.34
M4	72.21	42.92	59.44	25.62	35.49	3.82	5.30	12.99
M5	14.80	4.06	27.46	3.37	22.80	0.72	4.87	17.61
M6	61.05	23.95	39.23	12.84	21.04	1.30	2.13	9.19
M7	87.23	53.90	61.78	24.11	27.64	2.45	2.81	9.22
M8	36.87	13.82	37.49	7.22	19.57	1.13	3.05	13.50
Z0	17.51	6.15	35.14	5.77	32.95	1.38	7.88	19.29
Z1	26.14	16.38	62.66	7.10	27.18	0.54	2.07	7.07
Z2	56.06	29.68	52.95	14.62	26.09	1.09	1.94	6.93
Z3	66.52	28.45	42.76	15.95	23.98	1.64	2.46	9.30
Z4	21.23	11.91	56.09	2.67	12.58	0.72	3.41	21.35

由图4.8～图4.10和表4.9可知：

（1）龙泓涧表层沉积物有机质含量在14.48～87.23 g/kg之间波动，有机质的分布特征与其对应的表层沉积物所处水域沉积物污染程度和周边人类活动有关。主流和支流的下游沉积物中有机质含量偏高，可能与梯级塘内水生植物的残体累积有关。龙泓涧沉积物的有机质含量与疏浚后的工业河底泥有机质含量

（2015～2016年）相近。

（2）龙泓涧表层沉积物全氮含量0.66～6.89 g/kg，全磷含量0.16～1.74 g/kg。根据Palma（Palma，2014），当沉积物全氮、全磷含量分别大于4.8 g/kg、2 g/kg时，可考虑沉积物向上覆水释放营养盐的风险。龙泓涧流域只有个别点位的沉积物全氮含量超过4.8 g/kg，因此对氮营养盐的汇效应大于效应。

（3）龙泓涧表层沉积物的腐殖质组成中，胡敏素（HM）为主要组成部分，含量在4.06～53.90 g/kg之间，胡敏酸（HA）含量为0.50～3.82 g/kg，富里酸（FA）含量为2.67 g/kg～25.62 g/kg；PQ的比值介于6.93%～21.35%之间，平均值为11.04%，腐殖化程度很低。下游梯级塘的PQ值高于上游。这与龙泓涧"富氧、低碳、高氮"的水质特征以及特殊的沉积物有机质来源（上游以陆生植物的残体为主，下游以水生植物的残体为主）有关。

4.4.3　治理效果

经过生态沟渠和生态湿地塘等工程的实施，龙泓涧的氮磷营养盐负荷得到了有效削减：主流的NO_3^--N浓度从梯级塘入口L4的5.2 mg/L降低到末端L9的3.3 mg/L，下降幅度达36.5%，TN浓度从梯级塘入口L4的5.9 mg/L降低到末端L9的4.4 mg/L，下降幅度达25.4%，TP浓度从梯级塘入口L4的0.04 mg/L降低到末端L9的0.02 mg/L，下降幅度达50.0%；支流的NO_3^--N浓度从梯级塘入口Z2的4.7 mg/L降低到末端Z6的3.6 mg/L，下降幅度达23.4%，TN浓度从梯级塘入口Z2的5.8 mg/L降低到末端Z6的4.5 mg/L，下降幅度达22.4%，TP浓度从梯级塘入口Z2的0.08 mg/L降低到末端Z6的0.02 mg/L，下降幅度达75.0%。

以上均说明，龙泓涧的综合治理工程实现了预期目标，对控制西湖富营养化具有十分重要的意义。

4.5　案例小结

（1）龙泓涧流域以森林和茶园为主要景观类型，其污染源结构以面源为主。

（2）龙泓涧的水文环境比较特殊：上游为溪流、下游为池塘，其水源既有降雨径流（雨季），又有地下水补给和人工抽水的补充（旱季）。

（3）受特殊的污染源结构和水文环境影响，龙泓涧水质具有显著的"富氧、低碳、低磷、高氮"特点，在TN中NO_3^--N占比高达90%。

（4）龙泓涧水质的"高氮"主要来源于流域内的茶园和森林，TN和NO_3^--N浓度因茶园施肥周期和降雨周期而呈现规律性变化。

（5）生态沟渠拦截和生态湿地塘净化工程的实施，起到了良好的减污和净化效果，而且保护和丰富了龙泓涧流域的特色景观，体现了"因地制宜"和"师法自然"的原则要求。

（6）虽然龙泓涧的营养状态以中度乃至重度富营养为主，但其特殊的水文环境和生态结构及其特殊的N/P比值，有效地抑制了浮游藻密度较低，也保障了水体的良好景观品质。

第5章 温州市九山外河环境及其治理

5.1 区域与水体概况

温州市位于浙江省东南部，东濒东海，南毗福建省，西部与浙江省丽水市相连，北部与浙江省台州市接壤。温州全市陆域面积11 784 km²，其中，丘陵山地占78.2%，平原占17.5%，江河水面占2.8%，岛屿占1.5%。温州市地处中亚热带季风气候区，季风交替、四季分明、雨量充沛，年平均气温17.3~19.4 ℃，1月份平均气温4.9~9.9 ℃，7月份平均气温26.7~29.6 ℃，常年平均雨日175 d，年降水量在1 225~2 061 mm，多年平均降水1 706 mm（曹承进，2011；陈振楼等，2014b）。

温州境内地势从西南向东北呈现梯形倾斜，其东部平原地区有大小河道150余条并形成以温瑞塘河为主的平原河网水系。

九山外河位于温州市鹿城区境内，是温瑞塘河水系的支流之一，也是温州老城环城河的一段。九山外河北接勤奋河，南端与水心河相连，东临九山湖（又称落霞潭，是温州市公共游泳水域）和九山公园，西岸是办公和商住区（图5.1）。

九山外河河道长1 750 m，平均宽13 m，平均水深1.28 m，河底高程-0.5~0 m，河面从北向南逐渐变宽，水域面积3.12×10⁴ m²，水体槽蓄量约4.0×10⁴ m³。除受排涝和调水影响外，九山外河几乎没有流动。

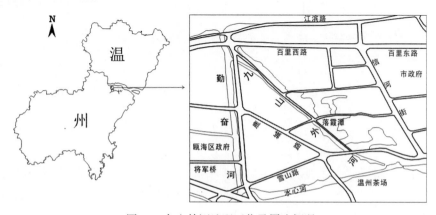

图5.1 九山外河地理区位及周边概况

20世纪90年代以后，九山外河水质逐渐恶化，河水从浅绿、灰绿到浓灰和乌黑，夏天散发阵阵恶臭。九山外河污染源主要是生活污水（溢流、漏排、混接）、生活垃圾以及菜市场的洗涤废水和初期雨水径流等，致使水体出现季节性黑臭和藻类、浮萍的暴发性增殖（胡伟，2014；温州市温瑞塘河管委会，2008a）。

为根治九山外河污染、改善河道水环境，温州市有关部门结合国家科技项目的支撑和指导，于2009~2011年期间分阶段实施了外源截污、底泥疏浚以及曝气增氧和生态修复等治理工程措施。

5.2　背景调查与分析

2008~2010年期间，对治理前的九山外河开展了较系统的背景调查，按照河道污染源、桥涵和护岸、河岸带特征、水质、底质等方面分别介绍调查结果，为九山外河的水环境问题诊断及其治理提供依据。

5.2.1　污染源

图5.2　九山外河两岸排水管及排污口分布

如图5.2所示，九山外河排污口主要分布在河道西侧，有直排、漏排以及雨污混接等多种排污类型，导致污水入河量大。九山外河周边为软土型地质，排水管道的沉陷和破损问题较严重并造成污水渗漏入河（胡晓镭等，2008）。

5.2.2　桥涵和护岸

桥梁多是九山外河比较突出的特点，有清明桥、房管桥、农机桥、少年宫桥、游泳桥、兽医桥、水利局桥、桑拿桥、北小桥及河通桥等十多座，平均每隔100多米就有一座桥，这些桥梁基本上都是以九山外河西岸的行政单位和公共设施名称命名的，如：房管桥、农机桥、少年宫桥、兽医桥、水利局桥附近分别是房管局、农机局、少年宫、兽医站、水利局，游泳桥、桑拿桥附近是体健休闲设施。其中清明桥是九山外河的主要桥梁，连通鹿城区主干道鹿城路和人民西路。

九山外河护岸型式大多是浆砌块石和堆石硬质护岸，护岸的石块间隙中有少量植物生长，西侧护岸有多处破损或塌陷，危及附近的道路和建筑物安全。

5.2.3　河岸带

九山外河两岸土地类型主要有：东岸的沿河绿地和道路交通用地，西岸的住宅用地、商服用地（和平大厦、碧盛大厦、顺生大酒店等）、公共管理与公共服务用地（卫生局、房管局、农业局、少年宫等）。

九山外河沿河植被覆盖率较高，东西两岸因土地利用类型不同，造成岸带景观特征差异较大。东岸河岸带较宽，从内到外由护栏、人行道（宽2.3 m）和绿化带（宽5 m）组成，植被类型为乔灌草组合。西岸建筑用地较多，硬化面积较东岸大，河岸带宽度为3~5 m，且分布不均。沿岸植物主要有樟树、杉树、榕树、枫树、三叶树、南瓜树、长叶树、芭蕉树、棕叶树、竹子、美人蕉等。

5.2.4　水质

于2008年9月13日、2010年3月31日、2010年6月17日对治理前的九山外河水质进行了监测（陈振楼等，2014 b；赵丰，2013），并采用综合污染指数P（牟春友和徐坤，2009）和有机污染指数A（阮仁良和黄长缨，2002）对水质进行了评价，结果见表5.1。

治理前九山外河水质状况（2008~2010年）　　　　　　　　　　表5.1

时间	项目	指标	含量（mg/L）	水质状况	P值	A值	N/P
2008.9.13	河流表层水（0~15 cm）	NH_4^+-N	7.54	劣V类	2.04	5.34	10.93
		DP	0.62	劣V类			
		TP	0.69	劣V类			
		COD_{Mn}	23.56	劣V类			
		BOD_5	11.03	劣V类			
		SD	15 cm				

时间	项目	指标	含量 （mg/L）	水质状况	P值	A值	N/P
2010.3.31	河流表层水 （0~15 cm）	DO	0.73	劣V类	4.68	12.60	13.65
		NH$_4^+$-N	12.69	劣V类			
		TP	0.93	劣V类			
		COD$_{Cr}$	250	劣V类			
		BOD$_5$	38	劣V类			
		SD	15 cm				
2010.6.17	河流表层水 （0~15 cm）	DO	0.42	劣V类	2.20	5.06	6.62
		NH$_4^+$-N	6.16	劣V类			
		TP	0.93	劣V类			
		COD$_{Cr}$	79	劣V类			
		BOD$_5$	14.3	劣V类			

由表5.1分析可得出如下结论：

（1）治理前的九山外河属于典型的劣V类水体，水质污染突出表现在COD$_{Cr}$、N、P污染，其中COD$_{Cr}$平均值为164.5 mg/L，约为V类水标准限值的4倍；尤其是2010年3月的河水COD$_{Cr}$最高为250 mg/L，与城市生活污水水质相近（万旭东，2014）。NH$_4^+$-N平均浓度为8.80 mg/L，超V类水4倍以上，2010年3月最高为12.69 mg/L。TP平均为0.85 mg/L，是V类水标准限值的2倍以上（河流）、4倍以上（湖库）。

（2）治理前的九山外河水体黑臭问题较严重，水体透明度SD均值为15 cm，DO均值为0.58 mg/L，属于缺氧黑臭型水质。

（3）评价结果显示，治理前的九山外河水质的综合污染指数和有机污染指数分别大于2和4，均处于严重污染状态。

5.2.5　底质

顾君（顾君等，2012）在九山外河布设9个采样点，分别于2010年3、6、8、9月分4次共采集表层（0~10 cm）底泥样品25个，测定九山外河底泥的重金属元素Cu、Zn、Pb、Cr、Fe、Mn、Ni的含量（表5.2），结果表明：九山外河底泥重金属污染的严重程度依次为：Zn>Cu>Pb>Ni>Mn>Fe>Cr，河道南段和北段的底泥重金属含量均大于中段，大多数采样点出现3种以上重金属元素的复合污染，其中，Zn、Cu在多数样点呈现重污染状态，Pb呈中度污染状态，而Ni、

Mn、Fe、Cr基本处于无污染或轻微污染状态。九山外河底泥的重金属污染可能与其汇水区内的小五金、小电镀等生产性排污有关，也可能与客水（勤奋河、水心河）的入侵有关。

治理前九山外河表层沉积物的重金属含量（mg/kg，2010年） 表5.2

	Cu	Zn	Pb	Cr	Fe	Mn	Ni
最大值	371.06	834.91	119.57	117.47	7.62	2301.79	219.97
最小值	18.64	126.19	51.30	44.08	5.46	798.21	41.02
平均值	87.32	319.62	76.01	57.7	6.88	1351.13	65.16
温瑞塘河流域土壤环境背景值（汪庆华等，2007）	32.7	108.99	38.38	88.11	5.49	759	37.35

5.2.6 生物

1. 浮游植物

浮游植物作为水体初级生产者，在水生生态系统的演变、更替和发展中扮演着重要角色（Thomton *et al.*, 1990）。浮游植物群落结构、密度和多样性在一定程度上对水生生态系统的结构和功能起着决定性作用（汪立祥等，2005）。通过水体浮游植物群落结构特性反映水体污染状况的研究屡见不鲜（李国新等，2009；蒙仁宪和刘贞秋，1988；章宗涉等，1983）。

于2010年6月~2010年11月间，对九山外河开展浮游生物采样监测，采用Shannon-Wiener多样性指数(H)和Margalef丰富度指数(d)对浮游生物多样性进行分析（Hunter et al., 1988；宋辞和于洪贤，2009）。

经研究发现（张丹，2011），九山外河浮游植物种类达68种，优势种为小颤藻（*Oscillatoria* Ag.）、小球藻（*Chlorella vulgaris* Beij）、小箍藻（*Trochiscia reticulari*）、近缘针杆藻（*Synedra affinis*）和四足十字藻（*Crucigenia tetrapedia* (Kirch.)），其优势度指数和发生时间见表5.3。

治理前九山外河浮游植物的优势种及其优势度指数（%，2010年） 表5.3

种类	优势度指数	发生时间
小颤藻*Oscillatoria* Ag.	31.6	2010年6月
小球藻*Chlorella vulgaris* Beij	17.6	2010年8月
小箍藻*Trochiscia reticulari*	21.8	2010年11月
近缘针杆藻*Synedra affinis*	43.6	2010年7月

九山外河浮游植物密度随时间变化情况见图5.3。可以看出，在该期间浮游植物密度随时间变化呈现出"中间大两头小"的现象，九山外河浮游植物密度变化范围是$6.36 \times 10^5 \sim 11.0 \times 10^6$ ind./L，在2010年7月达到峰值，在2010年11月密度值最小，次峰值出现在2010年8月（9.57×10^5 ind./L），具有明显的时间分异特征。

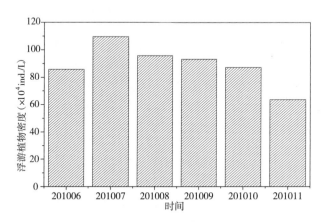

图5.3 治理前九山外河浮游植物密度随时间变化（2010年）

计算了九山外河浮游植物的Shannon-Wiener多样性指数（H）、Pielou物种均匀度指数（J）和Margalef丰富度指数（d）（图5.4）。可以看出，Shannon-Wiener多样性指数均在8月份出现峰值，究其原因是7月份进入夏季，水温升高，适宜藻类的生长繁殖，浮游植物种类数增加。Pielou物种均匀度指数波动大，变化范围是0.14~0.53。Margalef丰富度指数整体呈下降趋势。7月份水温升高，疯长的蓝绿藻在水生生态系统中占有绝对优势，导致d值在7月有所降低；11月份水温骤降，浮游植物种类数减少、生物量下降，具有明显的季节变化特征。

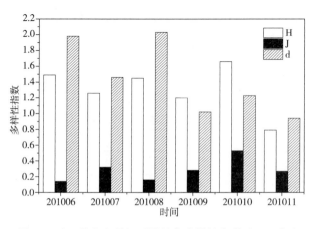

图5.4 治理前九山外河浮游植物多样性指数（2010年）

2. 浮游动物

浮游动物群落特征的分析方法与浮游植物相同，通过比较Shannon-Wiener多样性指数、Margalef丰富度指数和Pielou物种均匀度指数的计算结果来实现。九山外河水体中共鉴别出纤毛纲40种，肉足纲15种，纤毛纲种类所占比重为72.73%。九山外河浮游动物优势种包括淡水筒壳虫（*Tintinnidium fluviatile* Stein.）、旋回侠盗虫（*Strobilidium gyrans* Stokes.）、小旋口虫（*Spirostomum minus* Rous）、小型毛板壳虫（*Coleps hirtus minor* Kahl.）和拟钟虫（*Vorticella similis* Stokes.）。其中，小旋口虫优势度指数在2010年8月为34.5%；小型毛板壳虫优势度指数在2010年9月为20.1%；拟钟虫优势度指数在2010年6月最高为38.6%。

九山外河浮游动物密度（图5.5）监测结果表明，九山外河浮游动物密度变化范围是12 057~17 849 ind./L，最大值出现在2010年7月，最小值出现在2010年11月，平均值是14 901 ind./L。这与浮游植物的变化趋势基本一致。说明浮游动物的数量变化在一定程度上受到浮游植物控制。这与前人（Basu *et al.*, 1997; Tiina, 1997）的研究结果吻合。

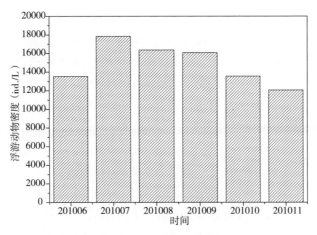

图5.5　治理前九山外河浮游动物密度（2010年）

浮游动物的群落结构特征、数量及其多样性在一定程度上反映着水质优劣状况（Beaver et al., 1989；许木启等，2001）。九山外河浮游动物多样性指数（图5.6）表明，Shannon-Wiener多样性指数和Pielou物种均匀度指数均在11月份出现峰值，Margalef丰富度指数在10月份出现峰值，随着河道水质污染加重，浮游动物多样性降低。

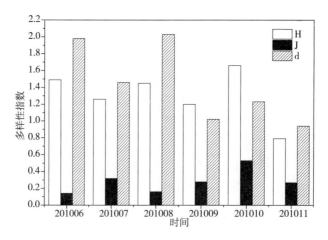

图5.6　治理前九山外河浮游动物多样性指数（2010年）

以上结果表明：治理前的九山外河N、P等营养盐负荷高并导致浮游生物的过度增殖。浮游生物的生态学特征不仅指示九山外河的水质污染程度，而且与九山外河的水文特征及排污口分布具有良好的相关性。

5.2.7　水环境恶化成因分析

土地利用的变化是水体生态环境演变之本。污水漏排甚至直排是九山外河环境污染的首要原因，其次为内源污染物的释放等（黄民生和曹承进，2011；荆治严，2012；叶公健和王贵生，2006；Morandi et al., 2014；张卫东，2007）。

九山外河污染源主要来自河道西岸，沿岸道路下虽已建有污水管，但河流纳污负荷仍然很高（钱嫦萍等，2013）。

1. 河道纳污负荷高，污染严重

九山外河地处温州市的老城区地段，虽然沿岸已建有雨污分流制排水系统，但管道串接、管道损坏以及管道标高错位的问题较多，导致大量污水入河，河流的纳污负荷远远超过了河流的自净能力，使得水质和底质污染严重，是造成水体黑臭的主要因素。

2. 河水流动性差，自净能力弱

九山外河是平原河网地区的一条支流河道，河势平缓，导致水体流速小或滞流，与外界水体交换十分有限，环境容量小、自净能力弱。另外，桥涵的阻隔、底泥的日积月累和建筑工地泥浆的偷排入河也会加剧河道淤塞和滞流，并形成恶性循环。温瑞塘河调水对九山外河的南段（与水心河相接）有一定影响，但因来水（瓯江水）的含沙量高，导致调水期间，九山外河河水十分浑浊（彩图5.1"牛奶河"）。

3. 生物多样性少，生态系统退化

九山外河岸堤基本为硬化直立型，河道内基本没有大型水生植物；河中鱼类品种单一且以耐污种为主，河道内藻类优势种以蓝、绿藻为主，并季节性暴发浮萍。

5.3　治理方案与工程实施

5.3.1　治理方案

基于"十一五"国家科技专项实施的要求，温瑞塘河综合整治工程建设指挥部、华东师范大学、上海市政工程设计研究总院（集团）有限公司等多家单位对九山外河的整治工程进行了科学论证和专项设计，于2010年前完成了外源截污、内源清淤、岸带改造等工程措施，2011年10月至2012年3月实施了曝气循环和生态修复等工程措施。拟通过该工程的实施，使得九山外河河水的DO浓度不低于1 mg/L（均值），河水的COD_{Cr}、BOD_5浓度（均值）达到地表水V类标准要求，河水NH_4^+-N和TP浓度分别低于6 mg/L和1 mg/L（均值）。

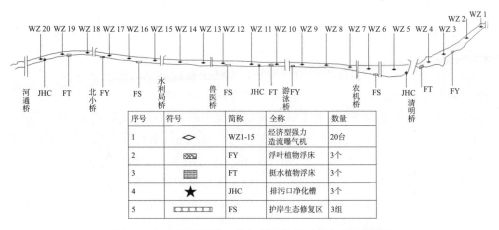

序号	符号	简称	全称	数量
1	◇	WZ1-15	经济型强力造流曝气机	20台
2	▨	FY	浮叶植物浮床	3个
3	▤	FT	挺水植物浮床	3个
4	★	JHC	排污口净化槽	3个
5	▭	FS	护岸生态修复区	3组

图5.7　九山外河水质改善与环境修复工程方案示意图

5.3.2　工程实施

九山外河水质改善与环境修复工程措施主要包括：

1. 截污工程

该工程于 2009 年开展并完成。但由于排水管线工程均为隐蔽工程，本工程实施的过程中仍需加强对漏接的污水管或合流管进行排查，以消除沿岸排污外源污染。由于沿河地块的雨水均为重力流直排入九山外河，而初期雨水径流含有大量污染物，尤其是油污进入河道会在水面形成油膜阻碍水体复氧，导致水质恶化（陈振楼等，2014a；汉京超，2013；曾思育和董欣，2015；左晓俊等，2010）。本工程主要针对现有雨水排放口，通过排放口处设置油污拦截槽阻止初期雨水径流中的油污及漂浮垃圾等进入河道，结合对现有排放口的调查，共需设置油污拦截槽10处。

2. 曝气增氧工程

人工曝气复氧技术在我国南方城市河流污染治理中得到广泛的运用，是治理河流污染、增强河流自净能力的有效措施之一。根据当时九山外河的河道及水流特征并考虑水体的景观布置，本工程采用固定式射流曝气设备（彩图5.2 九山外河固定式射流曝气）。结合每日需氧量，并结合所选曝气机类型及动力效率，按每日工作时间为12 h计，选择曝气机数量为20 台，单台设备充氧能力为3.1 kgO₂/h、功率为2.2 kW。

3. 生态浮床工程

生态浮床（浮岛）技术对河流水质净化是一种经济而有效的修复路径。根据九山外河水体生态环境特征，九山外河示范河段主要采用组合式生态浮床技术，生态浮床布设规模因目的不同而有差异，以往工程经验认为覆盖水面30%是必要的，但考虑到行洪、保洁、景观等要求结合示范河道的特点，本工程主要有挺水植物浮床、浮叶植物浮床、生物净化槽以及挺水植物与浮叶植物相结合种植方式的浮床，共建立"生态浮床"20组（单体浮床：L10 m×B2 m），总面积约4 000 m²（含生态净化槽10 个，面积为L3 m×B1 m，主要放置在排污口附近）。生态浮床植物的选择综合净化效果和景观作用，挺水植物选择旱伞草、梭鱼草、美人蕉、千屈菜等，其他植物选择香菇草、睡莲、狐尾藻等（彩图5.3 九山外河浮床植物），多种水生植物搭配组合。

4. 内源污染控释工程

黑臭河道在疏浚之后仍然有少量污染底泥残留，加上外源污染的日积月累，导致内源释放进一步恶化河道水质。本工程拟在第二阶段结合河道特点，设置沉水植物种植槽，约2 600 m²，并投放贝类水生动物500 kg，可为水生生物提供附着和栖息的场所，有效提高河道水生生物多样性（彩图5.4　九山外河水生动物）。

　5. 应急处理措施

人工构建的生态修复系统较为脆弱，易受到突发事故的冲击而遭到破坏。对于河道的突发环境问题，可能使水质短时间出现恶化，故本工程考虑向河道投加生物制剂的保证措施，进行污染水体原位就地修复，以应对突发环境事故的影响。

5.4　治理效果

九山外河水质净化与环境修复工程于2011年10月开始实施，2012年8月完成示范工程验收。水质和生态监测结果表明，该工程实现了预期目标（彩图5.5　治理前（2005年）后（2013年）的九山外河），河流公众满意度明显提高（黄之宏，2013）。

5.4.1　感官

随着九山外河综合整治工程的实施，九山外河的黑臭消除，与水体黑臭相关的河水亚铁离子（Fe^{2+}）含量和硫化物(S^{2-})含量分别降低到0.006 mg/L 和0.007 mg/L，河岸带景观质量得到明显改善，植被覆盖率明显提高。

5.4.2　水质

于2011年10月至2012年6月分别在九山外河的清明桥、农机桥、游泳桥（少年宫桥）、兽医桥、桑拿桥、河通桥设置采样点（图5.8），编号依次为JSW1、JSW2、JSW3、JSW4、JSW5、JSW6，在河面水深20 cm处采集水样，对治理过程中的九山外河水进行了监测分析。

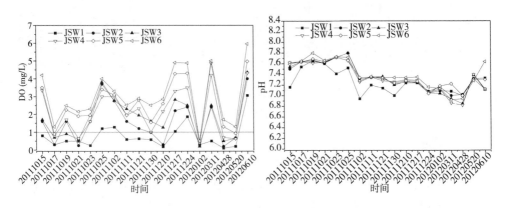

图5.8　治理过程中的九山外河水质（2011～2012年）

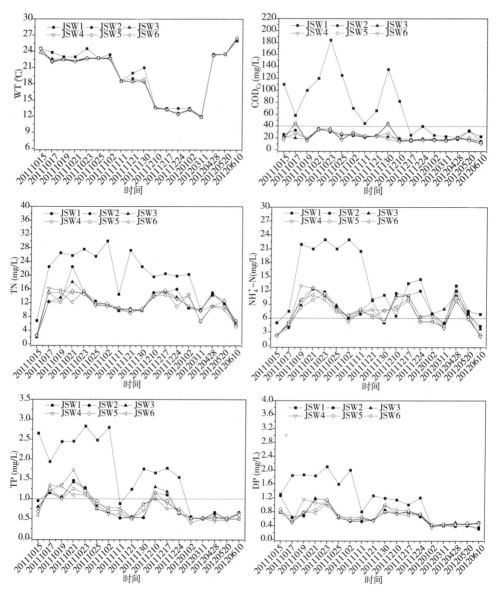

图5.8　治理过程中的九山外河水质（2011～2012年）（续）

由图5.8可知：

（1）2011年6月前，九山外河DO值为0.47~11.1 mg/L，平均为1.62 mg/L；BOD$_5$值为9.10~45.67 mg/L，平均为20.16 mg/L；COD$_{Cr}$值为28.18~105.02 mg/L，平均为60.59 mg/L；NH$_4^+$-N值为3.33~18.36 mg/L，平均为9.88 mg/L；TP值为0.55~1.47 mg/L，平均为0.98 mg/L。结合GB3838-2002V类水标准限值（河流）可知，九山

外河水质处于劣Ⅴ类水。综合治理工程实施后，九山外河水质明显改善。2011年
9月，DO均值上升至3.93 mg/L；BOD_5、COD_{Cr}、NH_4^+-N和TP分别下降至19.65、
34.55、8.50、0.89 mg/L。

（2）由于采样点JSW1靠近九山外河清明桥北侧的雨污管网混接排污口，受
其影响，该采样点在工程运行期间的监测结果显示，DO平均浓度为0.79 mg/L，
河水DO含量极低，黑臭明显，河水处于厌氧状态；而治理河段的其他各采样点
由于工程措施的净化效果，包括机械曝气增氧与浮床植物根系泌氧作用，采样
点的河水DO浓度依次明显升高，采样点JSW2、JSW3、JSW4、JSW5和JSW6的
DO平均浓度分别为1.57 mg/L、1.87 mg/L、2.14 mg/L、2.62 mg/L和3.04 mg/L，
治理工程措施对水体的溶解氧水平改善效果显著，河水黑臭基本消除。在2011-
12-10、2012-01-02、2012-04-28和2012-05-20四个采样日，河水的DO浓度很低，
这是由于曝气机被河道中的垃圾杂物缠绕临时停机造成的；因此，必须加强河道
水面保洁，维护曝气机正常运行，才能保证河水DO浓度有效提高。

（3）在工程运行期间，靠近排污口处的采样点JSW-1的河水pH值波动较
大，其平均值为7.20，偏弱碱性；采样点JSW-2、JSW-3、JSW-4、JSW-5和JSW-
6的pH值变化趋势较为相似，其pH值的平均值分别为7.36、7.35、7.35、7.40和
7.42，河段水体的pH值条件有利于工程措施对河水中氮污染物进行硝化/反硝化
的脱氮过程。

（4）在工程运行期间，各采样点的水体温度变化趋势基本一致；各采样点的
水温随着采样日期的推进而呈现季节性变化，符合不同季节的气温变化特征；采
样点JSW1、JSW2、JSW3、JSW4、JSW5和JSW6的水温平均值分别为20.20 ℃、
19.39 ℃、19.41 ℃、19.21 ℃、19.24 ℃和19.38 ℃。

（5）靠近排污口处的采样点JSW1的河水COD_{Cr}浓度波动较大，其平均浓度
达71.39 mg/L，采样点JSW2、JSW3、JSW4、JSW5和JSW6处河水的COD_{Cr}平均
浓度分别为23.05 mg/L、22.61 mg/L、22.53 mg/L、22.15 mg/L、21.90 mg/L；以
采样点JSW1处河水的COD_{Cr}浓度为基准，采样点JSW2、JSW3、JSW4、JSW5
和JSW6的COD_{Cr}平均浓度相对于采样点JSW1处河水的COD_{Cr}平均去除率分别为
67.72%、68.33%、68.44%、68.97%和69.32%，说明工程措施对河道的COD_{Cr}去
除效果显著且趋于稳定。

（6）采样点JSW1、JSW2、JSW3、JSW4、JSW5和JSW6处河水的TN平均
浓度分别为19.57 mg/L、12.10 mg/L、11.77 mg/L、11.51 mg/L、11.35 mg/L、
11.31mg/L；以采样点JSW1处河水的TN浓度为基准，采样点JSW2、JSW3、
JSW4、JSW5和JSW6的TN平均浓度相对于采样点JSW1处河水的TN平均去除率
分别为38.18%、39.87%、41.18%、42.02%和42.19%，说明工程措施对河道的

TN去除效果显著且趋于稳定；但是，由于在治理期间，水体的氮污染负荷较高，以及河道内机械曝气增氧措施的作用显著提高河水的溶解氧水平，导致河水脱氮过程中反硝化进程会受到抑制，从而影响工程措施对TN的去除效果。NH$_4^+$-N的变化规律与TN类似，采样点JSW1、JSW2、JSW3、JSW4、JSW5和JSW6处河水的NH$_4^+$-N平均浓度分别为13.19 mg/L、7.93 mg/L、7.88 mg/L、7.45 mg/L、6.93 mg/L 和7.01 mg/L，工程措施对水体的NH$_4^+$-N去除效果显著且趋于稳定。

（7）以采样点JSW1处河水的TP浓度为基准，采样点JSW2、JSW3、JSW4、JSW5和JSW6 相对于采样点JSW1处河水的TP平均去除率分别为49.35%、49.90%、50.05%、50.64%和51.24%，采样点JSW2、JSW3、JSW4、JSW5和JSW6相对于采样点JSW1处河水的DP平均去除率分别为41.87%、42.38%、42.68%、42.20%和43.61%，说明工程措施对河道的TP和DP去除效果显著且趋于稳定；河道的磷污染负荷较高，河道内TP的去除主要依靠浮床生态载体的接触沉淀作用和浮床植物根系的吸附吸收作用，而河道内造流曝气机所产生的气流造成河水水流扰动，对水体中颗粒态磷的沉降产生影响。

在该工程的主要水质考核指标中，DO含量最先达标（2011年10月），其后是COD$_{Cr}$（2011年12月）和TP（2012年11月），而NH$_4^+$-N达标最晚（2012年6月），这符合黑臭河道治理的一般规律。

5.4.3　水生态

治理工程实施后的九山外河水体能见度得到明显改善；水生植物群落分布面积显著扩大；高等植物的生物量明显提高。

5.4.4　公众满意度

人居环境公众满意度指公众作为城市管理服务的对象，将自己对居住生活环境的实际感受与自己的预期期望进行比较，得出的一种对现有人居环境能否满足自身需求的主观评价（应瑛等，2009）。

钱嫦萍（钱嫦萍，2013）对治理前后九山外河环境的公众满意度进行了调查，结果表明：治理前39.3%的被调查者对河岸景观表示满意，10.8%的被调查者对水体环境表示满意，治理之后这一数值分别上升至65.8%和19.1%。

5.5　近期水环境变化

城市河道水环境治理的关键在于坚持不懈并实现最终长治久安。为此，于

2013年8月至2014年11月，对综合整治后的九山外河水环境进行了跟踪监测分析。

5.5.1　水质

在九山外河的清明桥（JSW1）、农机桥（JSW2）、游泳桥（JSW3）、兽医桥
（JSW4）、桑拿桥（JSW5）、北小桥（JSW6）、河通桥（JSW7）共设置7个采样
监测点，结果分别见图5.9~图5.24。

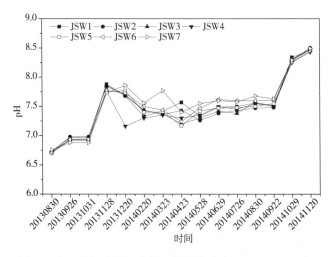

图5.9　九山外河表层河水的pH值时空分布（2013~2014年）

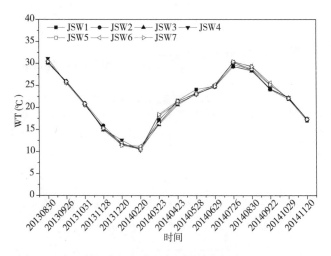

图5.10　九山外河表层河水的WT时空分布（2013~2014年）

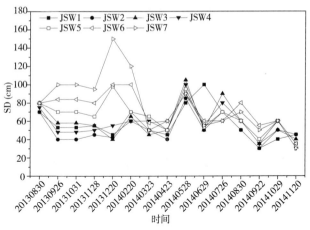

图5.11　九山外河表层河水的SD时空分布（2013～2014年）

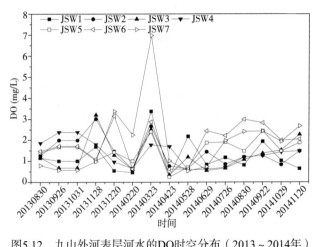

图5.12　九山外河表层河水的DO时空分布（2013～2014年）

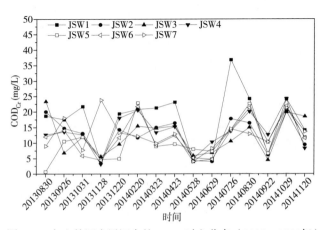

图5.13　九山外河表层河水的COD$_{Cr}$时空分布（2013～2014年）

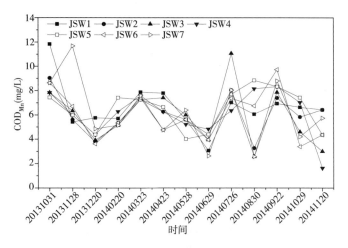

图5.14 九山外河表层河水的COD_{Mn}时空分布（2013～2014年）

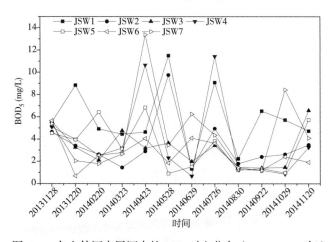

图5.15 九山外河表层河水的BOD_5时空分布（2013～2014年）

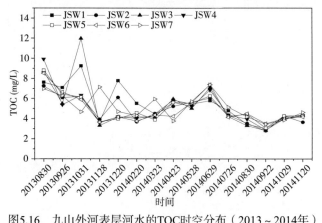

图5.16 九山外河表层河水的TOC时空分布（2013～2014年）

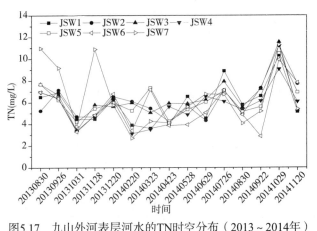

图5.17 九山外河表层河水的TN时空分布（2013～2014年）

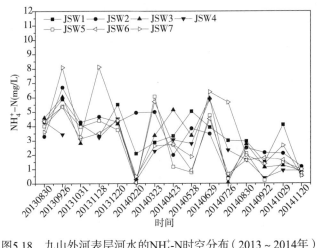

图5.18 九山外河表层河水的NH$_4^+$-N时空分布（2013～2014年）

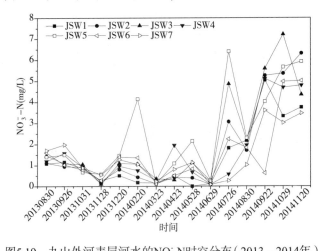

图5.19 九山外河表层河水的NO$_3^-$-N时空分布（2013～2014年）

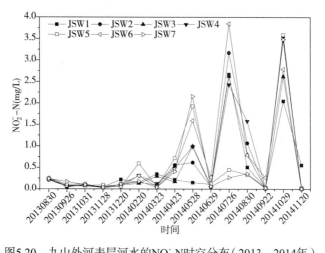

图5.20　九山外河表层河水的NO$_2^-$-N时空分布（2013～2014年）

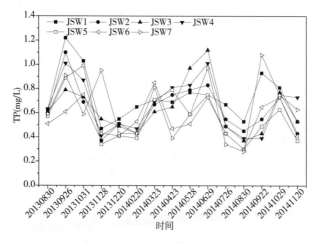

图5.21　九山外河表层河水的TP时空分布（2013～2014年）

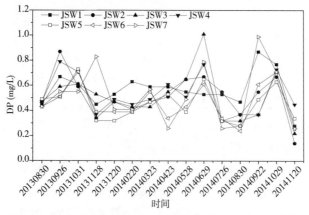

图5.22　九山外河表层河水的DP时空分布（2013～2014年）

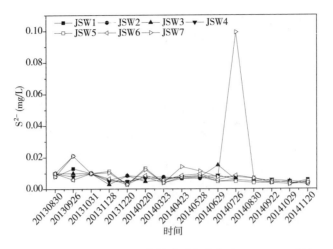

图5.23　九山外河表层河水的S²⁻时空分布（2013～2014年）

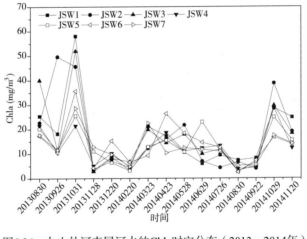

图5.24　九山外河表层河水的Chla时空分布（2013～2014年）

由图5.9～图5.24可以看出：

（1）九山外河pH变化范围为6.71~8.50，平均为7.50；7个采样点位水温随季节变化明显，符合不同季节的气温变化特征，各采样点位之间水温无显著差异；水体透明度随时间变化幅度较大，变化范围为30~150 cm，均值为63 cm；溶解氧浓度为0.24~6.98 mg/L，均值为1.52 mg/L，JSW6和JSW7两个采样点位DO均值（1.92 mg/L）比其他5个点位（1.36 mg/L）略高。

（2）九山外河TN变化范围是3.38~11.55 mg/L，均值6.04 mg/L，NH_4^+-N浓度随时间延长而呈现下降趋势，而NO_3^--N浓度则呈现升高态势。相比较治理后1年（图5.12），九山外河经综合治理后2~3年，TN浓度由12.94 mg/L下降为现如今的

6.04 mg/L，降低的幅度高达53.32%，这与截污、疏浚和生态浮床的吸收净化作用息息相关。人工曝气复氧设备的运行及水体流动性的增强，使得九山外河水体DO有所增加，在此条件下，更多的NH_4^+-N逐渐转化为NO_3^--N，从而造成NH_4^+-N浓度的下降和NO_3^--N浓度的增加。

（3）九山外河经综合治理后，其TP浓度由治理前的0.94 mg/L降为治理后2~3年的0.63 mg/L，降幅达32.97%。九山外河的总磷以溶解性磷为主，DP所占TP比例最高达95.60%。

（4）经过治理后，九山外河有机物浓度明显下降。COD_{Cr}浓度由治理前的52.88 mg/L降为治理1年后的30.59 mg/L，近两年其均值则进一步降为13.07 mg/L，已达到地表水环境质量Ⅲ类水标准。BOD_5浓度为0.69~13.38 mg/L，均值为3.84 mg/L。COD_{Mn}浓度为2.58~11.84 mg/L，均值为6.20 mg/L。TOC浓度范围为2.82~11.97 mg/L，均值为5.12 mg/L，且随着时间的推进，其浓度逐渐下降。

（5）九山外河Chla浓度变化较大，浓度为2.58~58.02 μg/L，均值为14.86 μg/L。

（6）与2011～2012年的监测结果相比，发现：清明桥处（JSW1）的河水主要污染物指标（COD_{Cr}、BOD_5、TN、NH_4^+-N浓度、TP）浓度明显下降，这可能与该处排污口污水的截流引排有关。

将2011～2012年与2013～2014年的监测结果进行对比，发现：河水的DO含量和TP浓度变化不大，但河水TN和NH_4^+-N浓度有较明显的下降。同时发现：九山外河清明桥处（JSW1）的河水主污染指标（COD_{Mn}、COD_{Cr}、BOD_5、NH_4^+-N、TN）较之前有明显降低，这可能与该处的排污口截流引排有关。

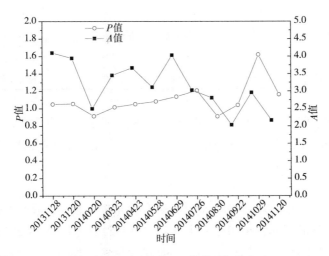

图5.25　九山外河表层河水的P值和A值随时间分布（2013～2014年）

　　取每月各监测点均值，参照地表水环境质量Ⅴ类水标准（河流），计算九山外河综合污染指数P和有机污染指数A，见图5.25。由图5.25可知，除2014年2月和8月处于中污染水平外，九山外河综合污染指数P值在监测周期内其余各时间点P值均大于1且小于2，处于重污染水平，主要超标因子为TN，其次为TP。有机污染指数A值除2013年11月和2014年6月处于严重污染水平外，其余各点值均小于4，处于中等污染水平以下。处于严重污染水平和低污染水平的监测点位分别占16.67%和41.67%。

九山外河营养状态等级详表（2013～2014年）　　　　　　　　　表5.4

日期	TLI值	营养状态等级
2013年8月	54.7	轻度富营养
2013年9月	55.6	轻度富营养
2013年10月	55.1	轻度富营养
2013年11月	47.1	中营养
2013年12月	50.6	轻度富营养
2014年2月	49.0	中营养
2014年3月	54.1	轻度富营养
2014年4月	54.4	轻度富营养
2014年5月	47.6	中营养
2014年6月	50.4	轻度富营养
2014年7月	53.1	轻度富营养
2014年8月	49.6	中营养
2014年9月	50.0	中营养
2014年10月	60.2	中度富营养
2014年11月	54.9	轻度富营养

　　由表5.4分析可知：在2013～2014年的15个监测月份中，九山外河处于轻度富营养状态的月份占比60%、中营养和中度富营养状态的月份分别占比33%和7%。

5.5.2　底质

　　与河水相比，河道的底泥短时间其组分和含量变化较小，故底泥样品每季度采集一次，分别采集2013年10月（秋季），2014年1月（冬季）、2014年4月（春季）、2014年7月（夏季）四个季度九山外河的表层底泥样品，测定底泥中的含水率、有机质和全磷（TP）等，结果见图5.26～图5.28。

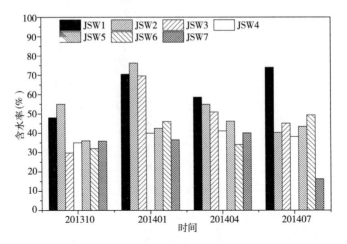

图5.26　治理后九山外河底泥中含水率时空分布（2013～2014年）

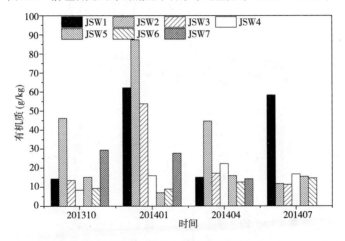

图5.27　治理后九山外河底泥中有机质时空分布（2013～2014年）

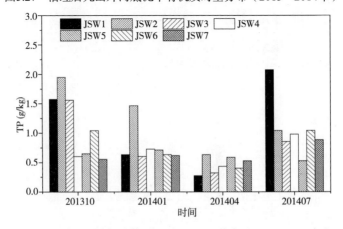

图5.28　治理后九山外河底泥中TP时空分布（2013～2014年）

　　底泥中溶解性有机质（DOM）、富里酸（FA）、胡敏酸（HA）和胡敏素（HM）的监测结果分别见图5.29 ~ 图5.32。

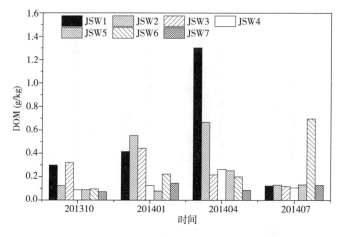

图5.29　治理后九山外河底泥中DOM时空分布（2013 ~ 2014年）

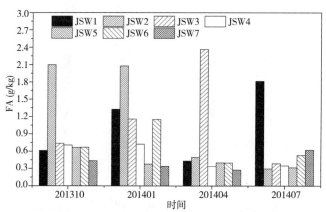

图5.30　治理后九山外河底泥中FA时空分布（2013 ~ 2014年）

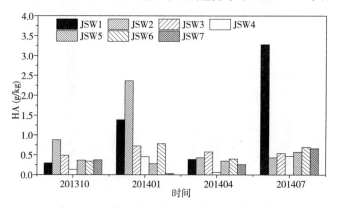

图5.31　治理后九山外河底泥中HA时空分布（2013 ~ 2014年）

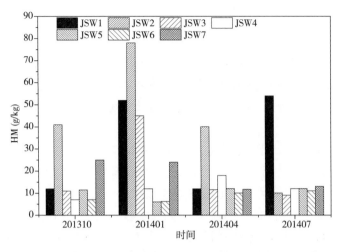

图5.32　治理后九山外河底泥中HM时空分布（2013～2014年）

九山外河底泥有机质及其组分分析（2013～2014年）　　　　　　表5.5

采样点	HE（g/Kg）	各组分含量及其所占总有机质含量百分比						PQ（%）
		HA（g/Kg）	HA/OM（%）	FA（g/Kg）	FA/OM（%）	HM（g/Kg）	HM/OM（%）	
JSW1	2.14	1.09	2.90	1.05	2.80	33.81	90.22	50.94
JSW2	2.02	1.03	2.16	0.99	2.09	42.44	89.36	50.81
JSW3	1.40	0.58	2.44	0.81	3.39	20.00	83.58	41.80
JSW4	0.86	0.33	2.09	0.53	3.35	12.80	80.78	38.41
JSW5	0.83	0.39	2.93	0.44	3.30	11.65	86.94	46.98
JSW6	1.24	0.55	4.88	0.69	6.05	8.86	77.87	44.64
JSW7	0.78	0.36	1.62	0.42	1.90	20.01	90.76	46.07

　　由图5.28～图5.32及表5.5可以看出：

　　（1）九山外河底泥有机质均值为24.80 g/kg、磷含量平均为0.85 g/kg。JSW1和JSW2两个点位处的底泥含水率、有机质和全磷含量均高于其他点位，这可能与河道排污口分布及河水流向有关，还可能与这两个点位处的果蔬交易有关（船上买卖，商贩将腐烂的水果与蔬菜直接倒入河中）。

　　（2）九山外河底泥FA含量高于HA，与水体的弱碱性和富氧状态有关。九山外河的JSW2、JSW3和JSW6处的底泥腐殖质含量高于其他点位，这除与河道排污口分布及河水流向有关外，JSW6处的河面狭窄且受桥涵阻水的影响明显，水动力不足，底泥更容易沉淀淤积和发生转化（胡伟，2014）。

5.6 案例小结

（1）九山外河不仅代表着温州市旧城的记忆，而且其周边是温州市中心城区重要的观景和休闲场所。九山外河的污染和黑臭对河道及其周边区域的使用功能造成了严重的不良影响。污染河道与滨岸美景之间的相容和协调是该区域环境整治的重点任务。

（2）九山外河属于沿海平原地区河网水系的支流，纳污负荷高、水动力弱、环境容量小、自净能力差。依托外源截污和底泥疏浚等先期工程，九山外河的原位治理获得了良好效果且基本上实现了长效维持，其中，河水DO指标改善最显著也最快，其次是有机物和总磷指标，而河水氨氮的净化相对滞后，治理后河水中亚铁离子（Fe^{2+}）和硫化物(S^{2-})含量也大幅度降低，表明黑臭治理成效显著，而且呈现出逐年好转和良性发展态势，达到了预期目标。

（3）氮磷营养盐是目前九山外河的主要污染指标并导致河道季节性发生藻害和萍害，加上周期性环境调水（高泥沙的瓯江水进入温瑞塘河河网）的影响，造成九山外河河水浊度增加（水面"灰化"），成为九山外河深化治理的内容之一。

第6章　温州市山下河环境及其治理

6.1　区域与水体概况

山下河温州市位于鹿城区境内，其周边既有政务新区（绣山路，市府路）、又有城中村（山下村）。

山下河也是温瑞塘河支流之一，河道细长而弯曲，其西段与横渎河相接，中段在府东路桥处被泵闸阻断，东段与蒲州横河交汇。山下河全长2154 m，河道宽度12~22 m，水域面积2×10^4 m^2，水体容积3.18×10^4 m^3。

受高负荷纳污的影响，山下河的黑臭问题极其突出，其污染源主要是沿岸污水的直排和漏排，以府东路桥以东的城中村排污和横渎桥菜市场排污最为严重。

山下河的污染问题已在当地"臭名昭著"（余定坤，2013），是名副其实的污水沟和垃圾场（彩图6.1"垃圾河"—山下河东段）。

为解决山下河污染问题，结合国家科技专项的实施，温州市政府于2011年10月至2012年4月对山下河开展了外源污染截流（东段污水阻隔截流和西段沿岸污水引排）和水质原位净化（曝气增氧、生物栅、生态浮床、底质修复等）等工程措施。

图6.1　山下河地理区位及其周边概况

6.2　背景调查与分析

6.2.1　污染源

山下河的沿岸情况十分复杂，有居民区、停车场、银行、农贸市场、医院、购物商场、企业作坊和大学园区等多种类型。其中，山下河东段沿岸是城中村（山下村），该城中村内建筑多为1~3层，居民以外来务工人员为主（占比80%以上），村中道路狭窄，市政基础设施缺失，餐饮、洗衣、粪便等污水直排山下河，导致河道成为"天然化粪池"，位于惠民路横渎桥上的横渎农贸市场，跨河而建，菜市场运营过程中的污水亦直排山下河。山下河沿岸的主要排污口见图6.2。

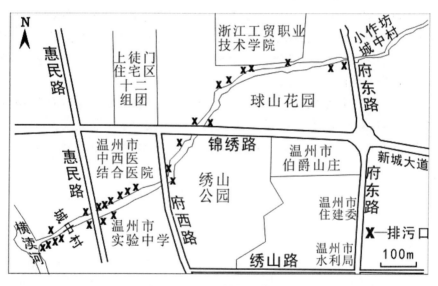

图6.2　山下河主要污水排放口

为了减轻山下河的纳污负荷、为河道黑臭治理准备条件，温州市政府分别实施了东段污水阻隔截流和西段沿岸污水引排等工程。受沿岸土地利用现状的制约，西段沿岸污水引排管道在山下河的河床内实施，导致工程施工和后期养护的困难，也引发了管道破损和污水外溢等一系列问题。

6.2.2　桥涵和护岸

山下河西段（治理河段）共有4座桥，分别是横渎桥、修山桥、通北桥（宏德桥）和山下桥。其中，山下桥西建有潜坝，以分流来自东段的污水。

山下河两侧以硬质堤岸为主，且部分堤岸（堆石）坍塌严重。沿岸的部分居民区和单位的围墙和房基直接入河，导致河岸改造、修复和污水截流的难度极大。

6.2.3　水质

分别于2010年6月17日、2010年12月12日及2010年12月23日对治理前的山下河水质进行了监测（彩图6.2　山下河2010年采样），其均值见表6.1。

治理前山下河水质状况（2010年）　　　　　　　　　　表6.1

时间	指标	范围（mg/L）	均值（mg/L）	水质状况	P值	A值	B/C	N/P
2010.6.17	DO	0.30~2.80	1.59	劣Ⅴ类	18.14	10.27	0.39	11.79
	COD_{Cr}	104~160	125.3	劣Ⅴ类				
	BOD_5	41.75~57.3	48.51	劣Ⅴ类				
	NH_4^+-N	13.56~14.97	14.20	劣Ⅴ类				
	TP	0.62~1.11	0.93	劣Ⅴ类				
	SD	21~25	23cm					
2010.12.12	DO	0.36~0.86	0.63	劣Ⅴ类	16.24	9.16	0.41	10.17
	COD_{Cr}	59.55~123.94	83.7	劣Ⅴ类				
	BOD_5	24.9~54.1	36.7	劣Ⅴ类				
	NH_4^+-N	12.08~15.48	13.87	劣Ⅴ类				
	TP	1.29~1.47	1.36	劣Ⅴ类				
	SD	30~33	31cm					
2010.12.23	DO	1.11~8.63	5.23	Ⅲ类	9.70	5.53	0.28	7.64
	COD_{Cr}	45.42~50.17	47.64	劣Ⅴ类				
	BOD_5	9.52~16.66	13.29	劣Ⅴ类				
	NH_4^+-N	8.53~8.91	8.68	劣Ⅴ类				
	TP	1.09~1.22	1.14	劣Ⅴ类				
	SD	45~48	46cm					

由表6.1分析可知：治理前的山下河属于典型的劣Ⅴ类水体，水质污染突出表现在COD_{Cr}、N、P污染，其中三次监测的COD_{Cr}平均值为87.34 mg/L，高于Ⅴ类水标准的2倍；尤其是2010年6月的山下河水COD_{Cr}最高为160 mg/L，高达Ⅴ类水标准的4倍。BOD_5平均浓度为32.83 mg/L，超Ⅴ类水标准的3倍以上。NH_4^+-N平均浓度为12.27 mg/L，超Ⅴ类水标准（河流）的6倍以上，其中，2010年12月12日最高达到15.48 mg/L。TP平均为1.24 mg/L，是Ⅴ类水标准的3倍以上。DO最低仅为0.30 mg/L。综合污染指数法和有机污染指数法均指示治理前的山下河处于严重污染状态（P>2，A>4），其污染程度明显高于同期的九山外河。山下河是城

市黑臭河道的典型代表。

6.2.4　底质

顾君（顾君等，2012）在山下河布设5个采样点，分别于2010 年3、6、8、9 月份4 次进行野外采样，共采集表层（0~10 cm）沉积物样品19个，测定温瑞塘河沉积物的重金属元素Cu、Zn、Pb、Cr、Fe、Mn、Ni 的含量（表6.2），得出重金属污染的严重程度依次为：Zn>Cu>Pb>Ni>Mn>Fe>Cr。重金属污染的地积累指数（Muller，1969）分布在0~4之间，分属于无污染至强污染水平。大多数样点出现了3种以上重金属元素的复合污染，其中，山下河东段底泥中重金属污染水平高于中段和西段，说明其东段可能有相关的作坊生产排污。

治理前山下河表层沉积物的重金属含量（mg/kg，2010年）　　　　表6.2

	Cu	Zn	Pb	Cr	Fe	Mn	Ni
最大值	635.54	4312.07	252.76	120.16	7.6	1812.37	88.41
最小值	36.76	184.73	60.76	45.87	4.95	660.44	39.72
平均值	198.47	1230.09	111.25	64.79	6.56	1015.68	59.01
温瑞塘河流域土壤环境背景值（汪庆华等，2007）	32.7	108.99	38.38	88.11	5.49	759	37.35

6.2.5　生物

1. 浮游植物

于2010年6月~2010年11月间，对山下河（治理段）进行浮游植物的采样、鉴定和计数和评价。经调查发现（张丹，2011），山下河浮游植物在采样期内共采集到43种，其中，绿藻门16属20种，蓝藻门8属11种，硅藻门5属6种，裸藻门2属6种。山下河优势种为小颤藻（*Oscillatoria Ag.*）、小球藻（*Chlorella vulgaris Beij*）和小箍藻（*Trochiscia reticulari*），其优势度指数值见表6.3。

治理前山下河浮游植物的优势种及其优势度指数（%，2010年）　　　表6.3

种类	优势度指数	发生时间
小颤藻*Oscillatoria* Ag.	27.4	2010年6月
小球藻*Chlorella vulgaris* Beij	14.4	2010年8月
小箍藻*Trochiscia reticulari*	14.9	2010年11月

山下河浮游植物密度随时间变化情况见图6.3。可以看出，在采样期间浮游植物密度随时间变化呈现出"中间大两头小"的现象，山下河浮游植物密度变化范围是$1.78 \times 10^5 \sim 5.05 \times 10^5$ ind./L，在2010年7月达到峰值，在2010年11月密度值最小，次峰值出现在2010年8月（3.59×10^5 ind./L）。

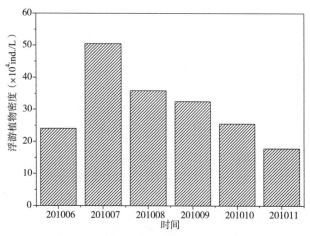

图6.3　治理前山下河浮游植物密度随时间变化（2010年）

计算了山下河浮游植物的Shannon-Wiener多样性指数、Pielou物种均匀度指数和Margalef丰富度指数（图6.4）。可以看出，Shannon-Wiener多样性指数均在6月份出现峰值。Pielou物种均匀度指数波动大，变化范围是0.12~0.43。Margalef 丰富度指数变化范围是1.04~1.54。山下河常年黑臭，河道中物种单一，在2010年11月水质最优，种类数略有升高，Margalef丰富度指数达到最大值（1.54）；在2010年9月水质最差，仅有个别耐污种可以生存，种类数降低，该指数达到最小值（1.04）。

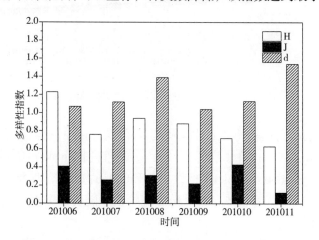

图6.4　治理前山下河浮游植物多样性指数（2010年）

2. 浮游动物

于2010年6月~2010年11月间，对山下河（治理段）进行浮游动物的采样、鉴定和计数和评价。经调查发现（张丹，2011），山下河水体中共鉴别出纤毛纲33种，肉足纲14种，纤毛纲种类所占比重为70.21%。山下河浮游动物优势种包括淡水筒壳虫（*Tintinnidium fluviatile* Stein.）、旋回侠盗虫（*Strobilidium gyrans* Stokes.）、小旋口虫（*Spirostomum minus* Rous）、小型毛板壳虫（*Coleps hirtus minor* Kahl.）和拟钟虫（*Vorticella similis* Stokes.）。其中，树状聚缩虫（*Zoothamnium arbuscula* Ehrenberg）优势度指数在2010年7月为15.1%；斜口三足虫（*Tinema enchelys* Ehrenberg.）优势度指数在2010年8月为14.3%。

治理前山下河浮游动物密度（图6.5）监测结果表明，山下河浮游动物密度变化范围是7790~9945 ind./L，最大值出现在2010年7月，最小值出现在2010年11月，平均值是8 479 ind./L。这与浮游植物的变化趋势基本一致。说明浮游动物的数量变化在一定程度上受到浮游植物控制。这与前人（Basu et al., 1997; Tiina, 1997）的研究结果吻合。

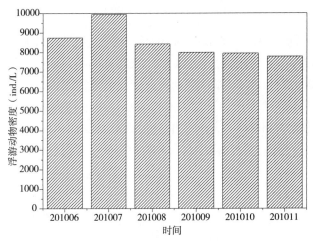

图6.5　治理前山下河浮游动物密度（2010年）

浮游动物的群落结构特征、数量及其多样性在一定程度上反映着水质优劣状况（Beaver *et al.*, 1989；许木启等，2001）。治理前山下河浮游动物多样性指数（图6.6）表明，Shannon-Wiener多样性指数和Pielou物种均匀度指数均在11月份出现峰值，Margalef丰富度指数在10月份出现峰值，随着河道水质污染加重，浮游动物多样性降低。

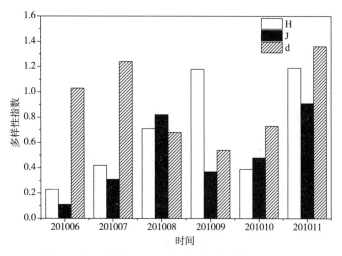

图6.6　治理前山下河浮游动物多样性指数（2010年）

6.3　治理方案与工程实施

6.3.1　治理方案

结合国家科技项目的实施要求，2011 ~ 2012年期间温瑞塘河综合整治工程建设指挥部对山下河开展了水环境原位治理工程实施（治理河段西起惠民路，东至府东路的河段，总长约1000 m），工程方案如图6.7所示。

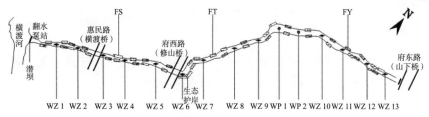

序号	符号	简称	全称
1	◇	WZ1-13	经济型强力造流曝气机
2		FY	自由浮岛区
3		FT	悬挂填料的复合浮岛区
4	✿	WP1-2	浮水喷泉式曝气机
5		FS	护岸生态修复区

图6.7　山下河治理工程方案示意图

6.3.2　工程实施

山下河水质原位治理工程措施主要包括：

1. 增氧强化工程

通过曝气设备对河流曝气增氧，降低水体的有机污染物和氨氮浓度，缓解水体黑臭。选取20台曝气机沿河平均分布，单台充氧能力为3.1 kgO$_2$/h、功率为2.2 kW，昼夜开机。

2. 生态净化工程

以曝气机的增氧功能为基础，通过生物栅和生态浮床植物的吸收和微生物降解共同净化污染物，主要包括两种形式：①自由浮岛区，该区浮岛直接种植挺水植物或浮水植物；②悬挂填料的复合浮岛区，浮岛表面共有180个孔，用来种植水生或改良的陆生植物，选择的植物有千屈菜、梭鱼草、美人蕉、水簇，在生态浮床板周围布有5个围栏，里面铺种狐尾藻和香菇草（彩图6.3　山下河水生植物），浮床下方悬挂填料，实现错季节强化净水和综合提升净水能力的目的，悬挂填料为半软性惰性人造聚合物，利用先进的编织技术编织而成，具有均匀而合理的孔结构，能够为水体微生物群落的生长和繁殖以及截留水中污染物提供巨大而适宜的附着比表面积，使系统的微生物量和生物多样性明显增强，从而大大提升浮床对污染物的过滤、截留、降解能力（古滨河，2005；李修岭等，2005；吴永红等，2005）。

3. 内源污染控释与底栖生境修复工程

本工程采用物理覆盖和微生物分解等措施来稳定疏浚后河床新生面及新进入的污染物，可有效控制水体内源污染向上覆水体的释放。

4. 应急处理措施

针对沿岸突发排污并可能使河道水质短时间出现恶化的问题，本工程向河道投加由微生物和生物酶组成的活性物质，快速分解和净化高负荷污染物。

6.4　治理效果

山下河水质净化与生态修复工程于2011年10月至2012年4月开展实施，2012

年5月工程试运行，于2012年8月验收。监测结果表明，该工程实现了预期目标
（彩图6.4　山下河治理前（2010-04）后（2013-08）比较），不仅消除了黑臭现象，
而且河道景观明显改善。

6.4.1　感官

随着综合治理工程的实施，山下河黑臭问题得以解决，水体透明度明显提
升，生态浮床为水面增加了一道靓丽的风景。

6.4.2　水质

2011年10月～2012年6月期间，分别对治理过程中的山下河横溇桥（SX1）、
绣山桥（SX2）、通北桥（SX3）、水塔（SX4）和山下桥（SX5）等断面开展水
质监测分析，结果见表6.4、图6.8。

山下河主要水环境特征值（2011～2012年）				表6.4
监测断面	流速（m/s）	WT（℃）	pH	DO（mg/L）
SX1	≤0.01	20.78	7.55	2.11
SX2	≤0.01	20.66	7.63	3.47
SX3	≤0.01	20.68	7.62	2.35
SX4	≤0.01	20.78	7.57	1.07
SX5	≤0.01	21.30	7.44	0.37

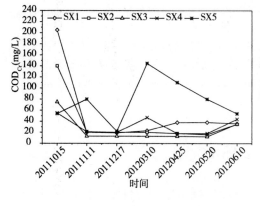 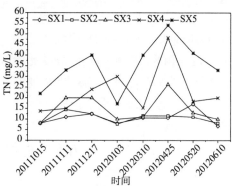

图6.8　治理过程中的山下河水质（2011～2012年）

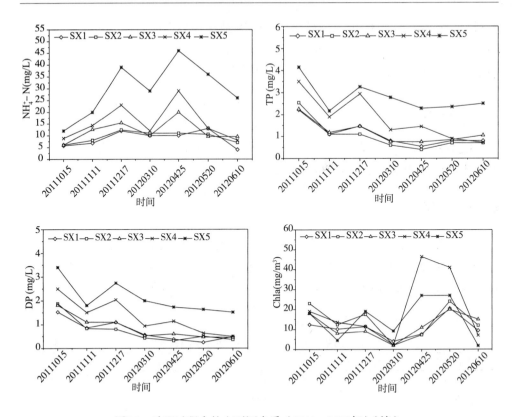

图6.8　治理过程中的山下河水质（2011～2012年）（续）

由表6.4和图6.8可知：经综合治理后，河水DO浓度为2.15～5.26 mg/L，均值为3.37 mg/L，曝气增氧使得河水DO快速合大幅度上升；河水透明度比治理前增加了18.45 cm，平均达到51.89 cm；河水COD_{Cr}浓度降低了63.77%，治理后的均值为31.64 mg/L；河水BOD_5浓度由治理前的32.83 mg/L降为治理后的8.86 mg/L，降幅高达73.01%；河水NH_4^+-N浓度比治理前减少了6.9 mg/L，降幅为56.23%，治理后的均值为5.37 mg/L；河水TP浓度的降幅为33.06%，治理后的均值为0.83 mg/L，山下河水环境治理实现了预期目标。

6.5　近期水环境变化

山下河不仅纳污负荷高（彩图6.5　山下河污水漏排），且因河道垃圾量大而造成曝气机运转不正常（彩图6.6　山下河曝气设备故障）等问题。为此，2013年4月至2014年11月对综合整治后的山下河水环境进行了跟踪监测（点位同上），以便为河道水环境深化治理及完善提供相关依据。

6.5.1　水质

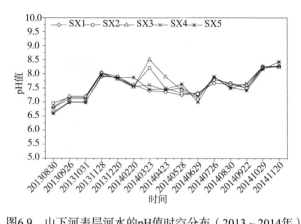

图6.9　山下河表层河水的pH值时空分布（2013～2014年）

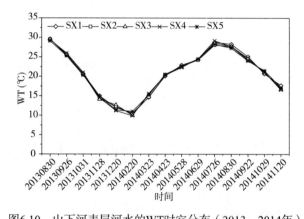

图6.10　山下河表层河水的WT时空分布（2013～2014年）

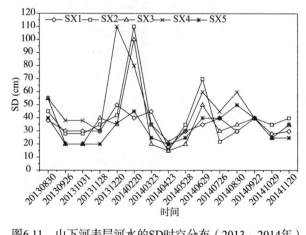

图6.11　山下河表层河水的SD时空分布（2013～2014年）

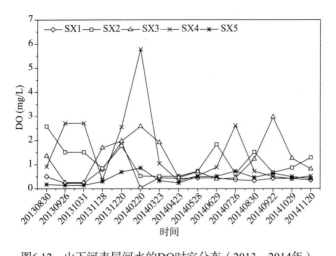

图6.12　山下河表层河水的DO时空分布（2013～2014年）

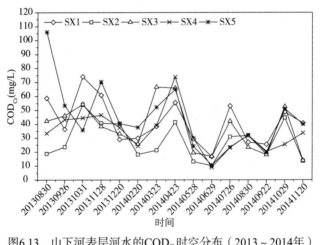

图6.13　山下河表层河水的COD_{Cr}时空分布（2013～2014年）

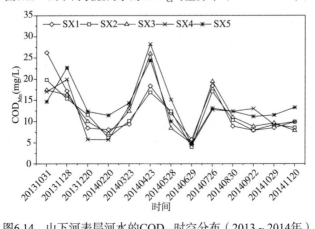

图6.14　山下河表层河水的COD_{Mn}时空分布（2013～2014年）

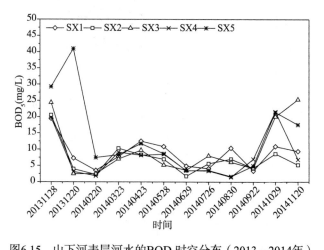

图6.15　山下河表层河水的BOD₅时空分布（2013～2014年）

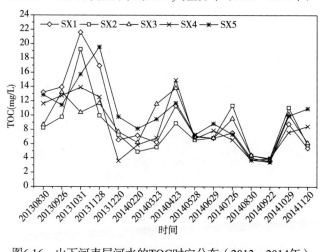

图6.16　山下河表层河水的TOC时空分布（2013～2014年）

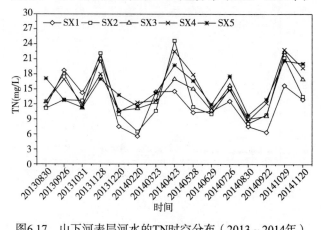

图6.17　山下河表层河水的TN时空分布（2013～2014年）

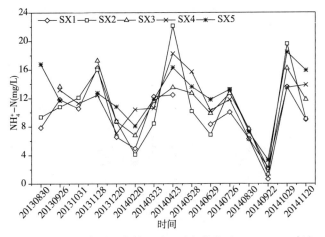

图6.18 山下河表层河水的NH_4^+-N时空分布（2013～2014年）

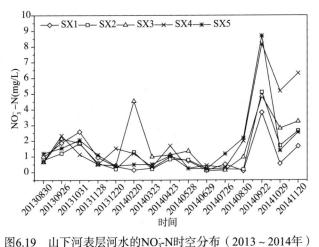

图6.19 山下河表层河水的NO_3^--N时空分布（2013～2014年）

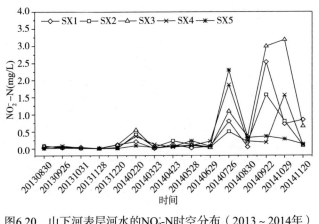

图6.20 山下河表层河水的NO_2^--N时空分布（2013～2014年）

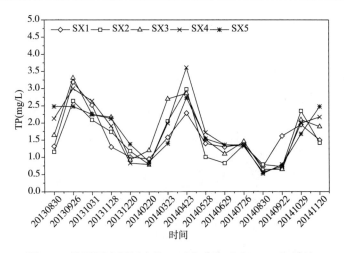

图6.21　山下河表层河水的TP时空分布（2013～2014年）

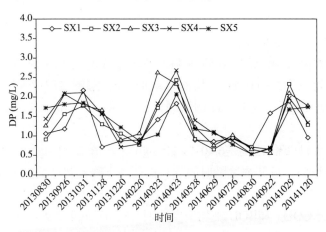

图6.22　山下河表层河水的DP时空分布（2013～2014年）

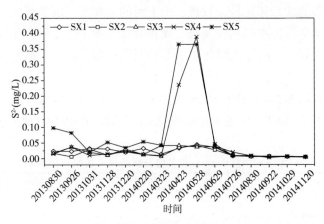

图6.23　山下河表层河水的S²时空分布（2013～2014年）

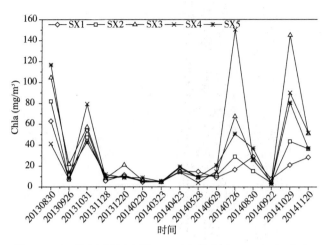

图6.24　山下河表层河水的Chla时空分布（2013～2014年）

由图6.9～图6.24可知：

（1）河水pH变化范围为6.59~8.44，平均为7.60；水体透明度随时间变化幅度较大，变化范围为20~110 cm，均值为37.84 cm；溶解氧浓度为0.14~5.78 mg/L，其均值为0.96 mg/L，且山下河的治理河段两端（SX1和SX5）的DO浓度明显低于河道中部。

（2）河水TN变化范围是6.40~22.92 mg/L，均值13.99 mg/L，NH_4^+-N占TN的比例最高达97.96%，且其浓度随时间延长而呈现下降趋势，而NO_3^--N浓度则呈现升高态势。

（3）河水COD_{Cr}和BOD_5平均浓度分别为37.07 mg/L和9.36 mg/L。

（4）河水Chla平均浓度为28.77 μg/L。

与治理后的2012年比较，发现：山下河的主要水环境指标均有所恶化，这可能与河道沿岸生活污水的漏排及曝气设备的非正常工作（河面垃圾堵塞曝气机进水口）有关，其中，沿岸生活污水的漏排问题一部分来自于截污管道（河床中）的污水外溢。

将所测水质数据进行Pearson相关性分析（表6.5），可以看出，山下河河水的DO含量与SD（$P<0.01$）成显著正相关关系，与TN（$P<0.05$）成显著负相关关系。

山下河水质Pearson相关性分析结果（2013～2014年）　　　　表6.5

	pH	WT	DO	SD	TN	TP	COD_{Cr}	Chla
pH	1							
WT	−0.507	1						

续表

	pH	WT	DO	SD	TN	TP	COD$_{Cr}$	Chla
DO	−0.075	−0.435	1					
SD	−0.090	−0.305	**0.854****	1				
TN	0.382	−0.043	**−0.600***	**−0.690****	1			
TP	−0.139	0.024	−0.475	**−0.705****	**0.704***	1		
COD$_{Cr}$	−0.068	−0.083	−0.195	−0.485	**0.566***	**0.706***	1	
Chla	−0.056	0.457	−0.146	−0.169	0.263	**0.165**	0.359	1

注：*表示在 0.05 水平（双侧）上显著相关；**表示在0.01 水平（双侧）上显著相关。

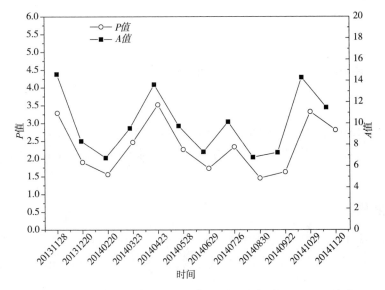

图6.25　山下河表层水的P值和A值随时间分布（2013～2014年）

　　取每月各监测点均值，参照地表水环境质量Ⅴ类水标准（河流），计算山下河综合污染指数P和有机污染指数A，见图6.25。由图可知，2013～2014年的山下河综合污染指数P值在监测周期内各时间点P值均大于1，处于重污染水平，其中有58.33% 的监测月份P值大于2，处于严重污染水平，主要超标因子为TN，其次为TP。有机污染指数A值所有监测月份均大于4，处于严重污染水平，其污染程度明显高于同期的工业河和九山外河，表明山下河水环境治理的难度更大、复杂性更高。

山下河营养状态等级详表（2013～2014年）		表6.6
日期	TLI值	营养状态等级
2013年8月	71.5	重度富营养
2013年9月	68.8	中度富营养

续表

日期	TLI值	营养状态等级
2013年10月	73.2	重度富营养
2013年11月	68.0	中度富营养
2013年12月	61.6	中度富营养
2014年2月	56.4	轻度富营养
2014年3月	64.3	中度富营养
2014年4月	73.8	重度富营养
2014年5月	62.8	中度富营养
2014年6月	57.4	轻度富营养
2014年7月	69.5	中度富营养
2014年8月	61.7	中度富营养
2014年9月	56.5	轻度富营养
2014年10月	74.3	重度富营养
2014年11月	68.8	中度富营养

在以上15个月中，山下河以中度富营养状态为主（占53%），其次是重度富营养（占27%）和轻度富营养（占20%），整体营养水平明显高于同期的九山外河。

6.5.2　底质

于2013年10月（秋季），2014年1月（冬季）、2014年4月（春季）、2014年7月（夏季）采集山下河表层底泥样品并进行检测，结果见图6.26～图6.32和表6.7。

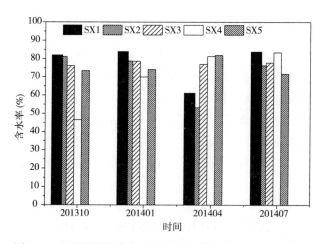

图6.26　山下河沉积物中含水率时空分布（2013～2014年）

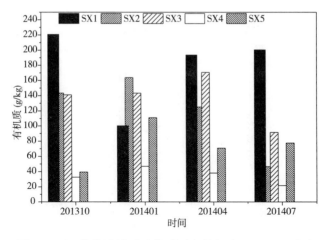

图6.27　山下河沉积物中有机质时空分布（2013～2014年）

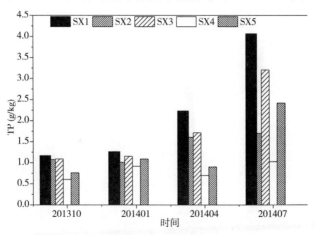

图6.28　山下河沉积物中TP时空分布（2013～2014年）

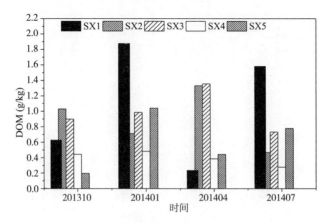

图6.29　山下河沉积物中DOM时空分布（2013～2014年）

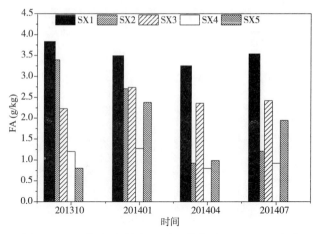

图6.30　山下河沉积物中FA时空分布（2013～2014年）

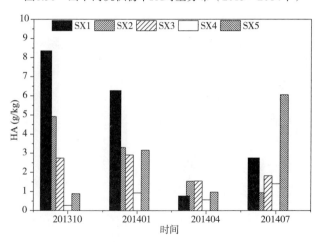

图6.31　山下河沉积物中HA时空分布（2013～2014年）

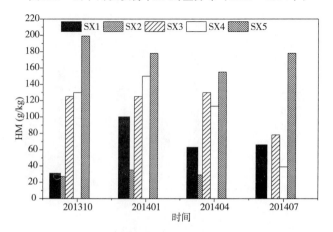

图6.32　山下河沉积物中HM时空分布（2013～2014年）

采样点	HE（g/kg）	各组分含量及其所占总有机质含量百分比						PQ（%）
		HA（g/kg）	HA/OM（%）	FA（g/kg）	FA/OM（%）	HM（g/kg）	HM/OM（%）	
SX1	3.05	1.52	2.03	1.53	2.05	66.48	88.94	49.78
SX2	2.09	1.04	2.99·	1.05	3.01	30.08	86.31	49.84
SX3	4.69	2.25	1.65	2.44	1.78	121.16	88.65	48.05
SX4	5.23	2.92	2.44	2.31	1.93	108.18	90.34	55.86
SX5	8.31	4.79	2.68	3.53	1.98	159.99	89.56	57.56

山下河底泥有机质及其组分分析（2013～2014年）　　　表6.7

由图6.26～图6.32和表6.7可知：

（1）山下河底泥的有机质及氮磷含量均高于同期的九山外河，这可能与山下河纳污负荷高有关。

（2）山下河SX1点位底泥的OM、DOM、TP、FA和HA含量均明显高于其他采样点，表明其底泥的污染和酸化严重，可能与该处受东段排污的影响有关。

（3）山下河底泥的主要监测指标时空变化幅度较大，可能与排污点分布情况有关。

6.6　案例小结

（1）以污水沟、垃圾场来形容山下河，既描述了其污染程度，也点名了其黑臭成因。

（2）虽然山下河沿岸被城中村包围的现象在我国其他地区的城市河道也多有发现，但跨河菜市场的现象却十分罕见。由此，再一次说明：沿岸地区的改造和污水截流是城市河道水环境治理的重中之重。

（3）虽然综合整治工程使得山下河治理段的水质和感官得以明显改善，但由于截污不完善以及垃圾引起曝气机故障等问题，对水环境治理效果的长效维持造成了很大的影响。

第7章　上海市滴水湖环境及其治理

7.1　区域与水体概况

滴水湖又名芦潮湖（彩图7.1　滴水湖），位于上海市浦东新区的临港新城境内，距离上海市中心约76 km，是在滨海滩涂上开挖形成的全球最大人工湖。联合国国际湖泊环境委员会主席斯文·埃里克·约根森先生称滴水湖称为"当今世界上最大的用于城市景观用途的人工湖泊"。

滴水湖的设计构思来源于德国GMP公司的规划思路："一滴来自天上的水滴，落入大海，泛起层层涟漪……"（彩图7.2　滴水湖湖心区）。

滴水湖于2002年6月26日正式开工建设，2003年10月6日基本完工。滴水湖呈正圆形，直径2.66 km、总面积达$5.56 \times 10^6 \text{ m}^2$，平均水深3.7 m，湖水最深6.2 km，蓄水量$1.62 \times 10^7 \text{ m}^3$，其面积和蓄水量与杭州西湖相当。滴水湖中还分布着三个岛屿——北岛、西岛、南岛，三岛总面积约占湖面的8%，分别规划建设游客中心、酒店、海洋公园、游艇港湾等设施（彩图7.3　滴水湖南岛）。

通过十几年来的开发建设，滴水湖及其周边逐渐形成了"一城、一湖、三涟、七港"的现状格局，也因此形成了该区域的"同心圆+射线"式的城市路网与水系（彩图7.4　滴水湖及其周边景观类型）。"三涟"即：春涟河、夏涟河、秋涟河；"七港"为赤风港、橙和港、黄日港、绿丽港、青祥港、蓝云港、紫飞港（又称：A港、B港、C港、D港、E港、F港、G港）。滴水湖的补水（来水）主要是西边的大治河、流域内的雨水及其径流；滴水湖的出水口只有一个：A港（通过节制闸控制：排涝闸、防潮闸）（彩图7.5　滴水湖A港）。

受上游（原南汇片）来水水质影响加之集水区各类污染源的汇入，滴水湖在建湖之初水质较差（华东师范大学，2011；吕永鹏等，2012）。作为新建的全球最大的城市人工湖泊，滴水湖具有形成时间短、水体面积大、水面风浪大、周边土壤盐碱化明显、湖中高等水生植被难以生长等特殊背景（陈立婧等，2012；何玮等，2010；上海港城滴水湖建设管理有限公司和华东师范大学，2014），因此其湖泊生态系统相当脆弱和不稳定，水质维护任务十分艰巨（刘振宇和徐建平，2012）。

2006年，滴水湖曾出现了局部水域的蓝藻水华并由此引起了上海市有关部门的高度重视。2014年底，上海地铁16号线的开通运营，滴水湖及其周边的客流量逐年增加，随之，对滴水湖的环境影响也会越来越大。根据上海港城生态园林有限公司的报告（2015）：滴水湖现有汽柴油动力船17艘，包括：快艇、观光船、游艇、工作船、捕鱼船等，如果这些机动船同时运行，则一次载客量可达200人左右，这不仅是滴水湖潜在的污染源，而且大量机动船的频繁运营可能会伤害调控生物（滤食性鱼类和贝类），进而影响滴水湖浮游藻的控制。

7.2　背景调查与分析

自2002年建湖起至今，华东师范大学等高校及科研院所对滴水湖开展了较为系统的背景调查。

7.2.1　湖泊周边河道水质

滴水湖建设初期规划了一条西引河作为清水（淡水）河道，引大治河水作为补充水源，拟在河道内进行生态处理，净化入湖河水。但是受港城开发建设、土地权属、东滩吹填等多种因素影响，西引河工程难以实施（江敏等，2012），使滴水湖处于无水可引的尴尬局面（华东师范大学，2011; 华东师范大学和上海申耀环保实业有限公司，2006; 上海港城滴水湖建设管理有限公司和华东师范大学，2014; 吴从林，2006）。

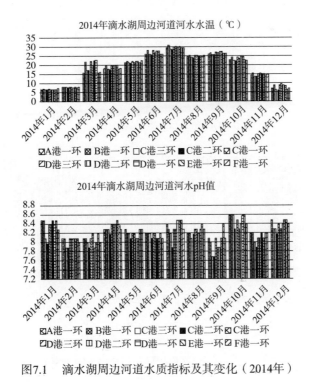

图7.1　滴水湖周边河道水质指标及其变化（2014年）

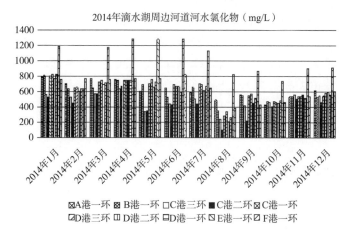

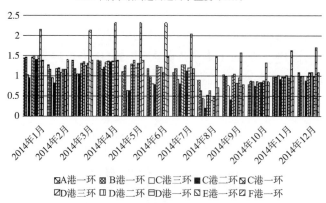

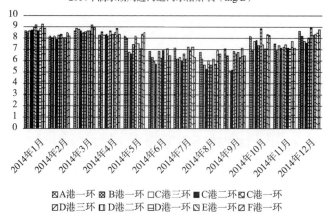

图7.1 滴水湖周边河道水质指标及其变化（2014年）（续）

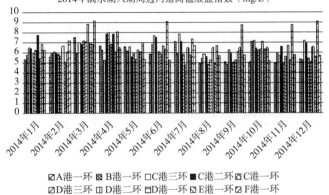

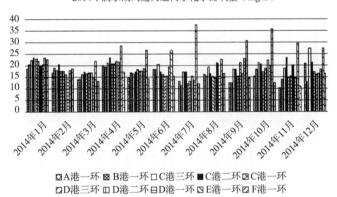

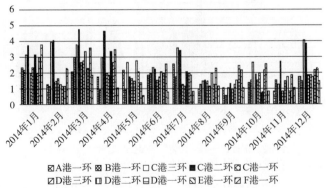

图7.1　滴水湖周边河道水质指标及其变化（2014年）（续）

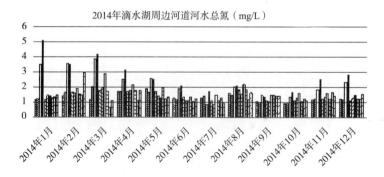

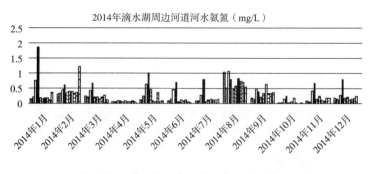

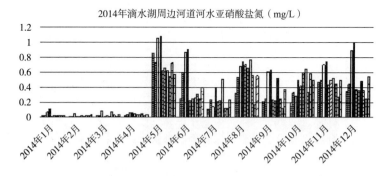

图7.1　滴水湖周边河道水质指标及其变化（2014年）（续）

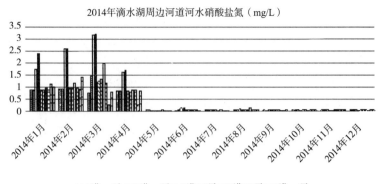

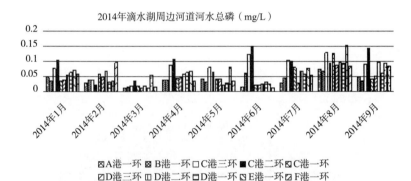

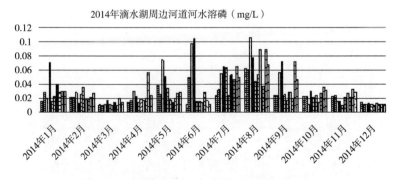

图7.1　滴水湖周边河道水质指标及其变化（2014年）（续）

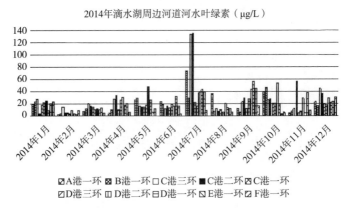

图7.1　滴水湖周边河道水质指标及其变化（2014年）（续）

7.2.2　湖区水质

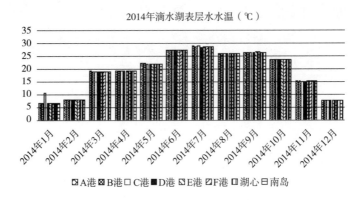

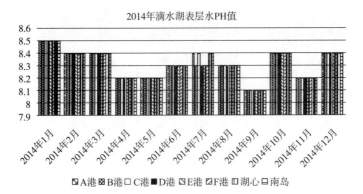

图7.2　滴水湖湖区水质指标及其变化（2014年）

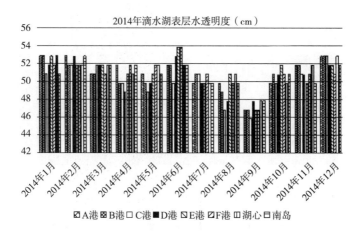

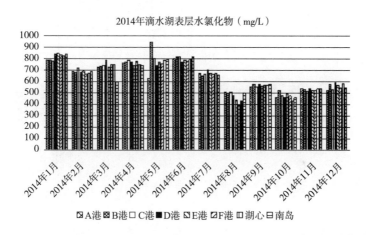

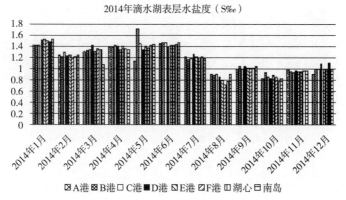

图7.2　滴水湖湖区水质指标及其变化（2014年）（续）

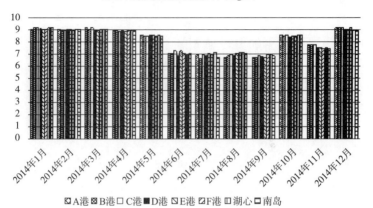

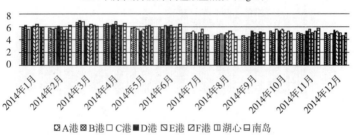

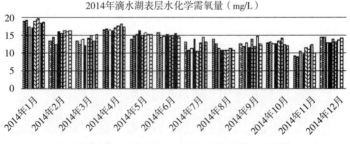

图7.2　滴水湖湖区水质指标及其变化（2014年）（续）

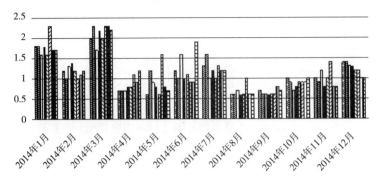

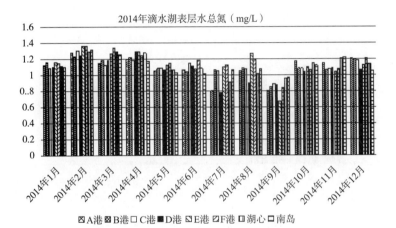

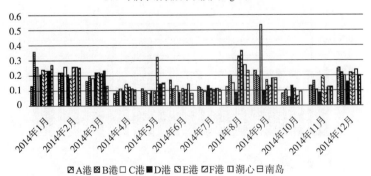

图7.2　滴水湖湖区水质指标及其变化（2014年）（续）

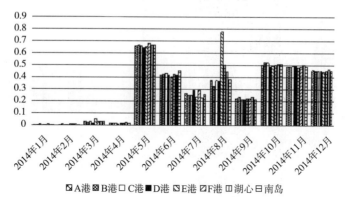

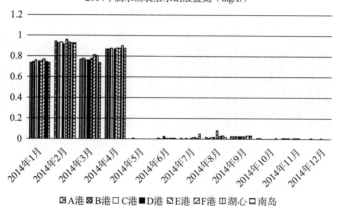

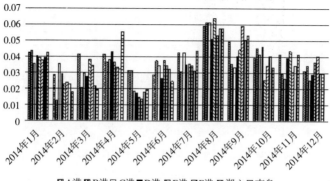

图7.2　滴水湖湖区水质指标及其变化（2014年）（续）

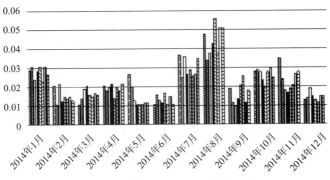

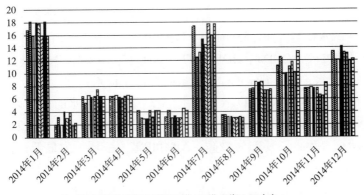

图7.2　滴水湖湖区水质指标及其变化（2014年）（续）

滴水湖周边河道与湖区水质指标及其变化（2014年，变化范围与平均值）　表7.1

指标	单位	河道水质	湖区水质
pH值	/	7.7 ~ 8.6，8.1	8.1 ~ 8.5，8.3
氯化物	mg/L	105 ~ 1280，590	400 ~ 950，657
盐度	‰	0.2 ~ 2.3，0.9	0.72 ~ 1.7，1.1
DO	mg/L	4.9 ~ 9.2，7.1	6.8 ~ 9.2，7.8
COD_{Mn}	mg/L	5.1 ~ 9.2，6.1	4.4 ~ 6.8，5.5
COD_{Cr}	mg/L	10.5 ~ 36.1，17.5	8.8 ~ 19.5，14.7
BOD_5	mg/L	0.5 ~ 4.8，1.9	0.5 ~ 2.3，1.2

续表

指标	单位	河道水质	湖泊水质
TN	mg/L	0.7 ~ 5.2，1.4	0.7 ~ 1.3，0.9
NH_4^+-N	mg/L	0.1 ~ 1.9，0.3	0.1 ~ 0.6，0.2
NO_2^--N	mg/L	0 ~ 1.1，0.3	0 ~ 0.8，0.2
NO_3^--N	mg/L	0 ~ 3.2，0.5	0 ~ 0.8，0.4
TP	mg/L	0.02 ~ 0.15，0.05	0.01 ~ 0.07，0.03
DP	mg/L	0.01 ~ 0.11，0.03	0.01 ~ 0.06，0.03
Chla	μg/L	3 ~ 136，28	2 ~ 18，8

从图7.1和图7.2以及表7.1的比较分析可知（2014年）：（1）与河道水质相比，湖区水质更加稳定且各点位之间的差异度小；（2）湖水的盐碱化（pH值、氯化物含量、盐度）比河水高，其氯化物含量和盐度的平均值约为淡水（太湖水）的4 ~ 5倍；（3）湖水DO含量略高于河水（湖泊风浪大，复氧强）；（4）河水常规污染物指标（COD_{Mn}、COD_{Cr}、BOD_5、TN、NH_4^+-N、NO_2^--N、NO_3^--N、TP、DP）的平均值高于湖水；（5）湖水的Chla含量明显低于河水；（6）湖水与河水的TN中以DIN（NH_4^+-N、NO_2^--N、NO_3^--N）为主；（7）湖水与河水的TP中以溶磷为主；（8）在河水的常规污染物指标中，TN、NH_4^+-N、NO_2^--N、NO_3^--N、TP、DP含量以C港（一环、二环、三环）为最高，A港和B港（一环）为最低；但COD_{Mn}、COD_{Cr}含量却以E港（一环）为最高，而A港和B港（一环）为最低。

以上结果说明：滴水湖周边河道的水质与湖区水质呈现"倒挂"（河水水质劣于湖水水质）的状态，而且，各河道水质污染程度及特征因集水区类型（大学园区、办公区、绿地、农田，等）的不同而呈现一定的差异。因此，控制河水入湖成为滴水湖水质改善的不得已措施。但，严控进水的同时也降低了滴水湖湖水的更新率。

7.2.3　湖区底泥淤积及其污染

采用双频GPS定位模式和双频数字测深仪（或浅地层剖面仪）对滴水湖水下地形和底泥厚度进行现场测量，并结合ArcGIS技术，构建滴水湖水下地形数字高程模型和底泥厚度分布模型，探讨底泥空间分异特征（彩图7.6 滴水湖水下地形与底泥空间分布，2013年）。

滴水湖9个点位的底泥全氮含量为4.6 ~ 10.9g/kg，其中，氨氮含量为2.6 ~ 8.7g/kg，氨氮含量约占全氮含量的80%左右；全磷含量为0.55 ~ 0.67g/kg，其

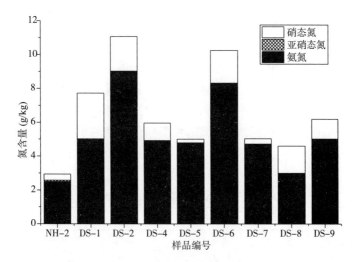

图7.3　滴水湖湖区底泥氮污染物含量（2013年）

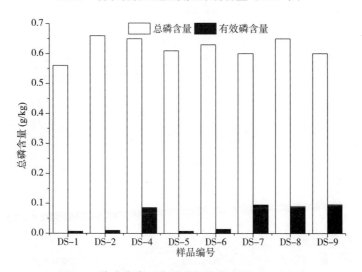

图7.4　滴水湖湖区底泥磷污染物含量（2013年）

中，有效磷含量为20.48～0.56g/kg，有效磷含量约占全磷含量的75%。监测结果表明：滴水湖目前底泥积累范围较小、淤积量有限，大部分底泥主要淤积在深水区，这些底泥处于缺氧环境，其营养盐释放可能对湖水水质造成一定程度的影响。

7.2.4　湖区水体营养水平

自2004年以来，滴水湖水体富营养化基本上处于轻度富营养化至中度富营养化之间（周新龙，2012），其中，2006年10月，滴水湖甚至出现了局部蓝藻水华爆发的问题，且持续了近半年之久（景钰湘, 2012; 许夏玲, 2008; 张艳艳等, 2015; 朱为菊和王全喜, 2011）。

　　滴水湖特殊的水文环境和生态结构易发生水体污染事件，如出现水华，则很难治理。滴水湖水体富营养化问题是滴水湖管理的重中之重，直接关系到滴水湖的景观效果和水质安全，甚至影响到临港新城开发的进程和形象。为此，上海市有关部门实施了集水区绿化建设、河道水质净化、湖泊生态调控等措施，并取得了较好的效果。

滴水湖营养状态指数变化（2013～2015年）　　　　　　　　　表7.2

日期	TLI值	营养状态等级
2013年1月	57.6	轻度富营养
2013年2月	55.8	轻度富营养
2013年4月	56.2	轻度富营养
2013年5月	55.3	轻度富营养
2013年6月	57.3	轻度富营养
2013年7月	54.7	轻度富营养
2013年8月	56.1	轻度富营养
2013年9月	54.7	轻度富营养
2013年12月	55.9	轻度富营养
2014年1月	56.0	轻度富营养
2014年2月	54.7	轻度富营养
2014年3月	55.5	轻度富营养
2014年4月	55.9	轻度富营养
2014年5月	54.6	轻度富营养
2014年6月	54.8	轻度富营养
2014年7月	54.4	轻度富营养
2014年8月	54.6	轻度富营养
2014年9月	53.6	轻度富营养
2014年10月	56.1	轻度富营养
2014年11月	53.3	轻度富营养
2014年12月	54.2	轻度富营养
2015年1月	56.5	轻度富营养
2015年2月	49.5	中度营养

日期	TLI值	营养状态等级
2015年3月	53.7	轻度富营养
2015年4月	53.6	轻度富营养
2015年5月	52.6	轻度富营养

由表7.2可知：2013～2015年期间（监测26个月），除个别月份（2015年2月）外，滴水湖湖区的营养状态均为轻度富营养，不再出现中度富营养及以上的营养状态。

7.3 治理方案与工程实施

从2006年10月滴水湖出现了局部蓝藻水华暴发以后，上海市相关部门对滴水湖开展了严控河水入湖、河道水质净化、环湖绿化、湖泊水体生态调控（放养白鲢、鳙鱼、湖虾等）和湖泊底泥原位修复等多项保护和治理措施。以下主要介绍滴水湖河道（引水河）生态修复与湖区底泥原位修复工程实施及其效果的相关情况。

7.3.1 引水河段水质生态修复工程

以滴水湖的主引水河道C港引水河为研究对象，通过在此河段构建"生态浮床净化带"、"漂浮植物隔离带"等，提高引水河的水环境质量（霍元子等，2010；童琰等，2011）。

（1）治理方案

结合前期研究，确定生态浮床技术作为本工程实施的主要应用的技术种类，并对边框进行了软化处理，进一步提高了浮床的净水和美观效果。浮床与岸边留出了3 m的距离，种植沉水植物和浮叶植物。工程中加入了水葫芦作为圈植漂浮植物，既发挥了水葫芦优良的净水效果，又很好地做到了防止入侵种的扩散。同时还划分出了50 m²的范围，作为种植水生蔬菜的实验区域。在水生蔬菜净水区对岸保留了50 m²人工水草种植区。

（2）工程实施

①工程实施的地点

工程实施地点位于滴水湖C港泵站和黄日港中间一段河道，工程河段长300 m，河口宽45 m，河底宽15 m，水位高3 m（河底标高为–1.00 m，低水位标高0.80 m，常水位标高为2.70 m），流向自西南向东北，工程河段距离入湖口约2 km。

②工程方案设计

根据河道现状和使用功能，将美学景观与生态修复协调一致，进行整体设计，河道水质净化与生态修复工程分为六个部分：生态浮床净化带、漂浮植物圈植区、漂浮植物隔离带、近岸水生植物带、水生蔬菜净水区、人工水草区。

③工程的建设内容

1）在工程河段设置450只生态浮床。浮床框架为PVC管材，基质为粗尼龙绳，浮床植物种类以黄菖蒲和千屈菜为主。用粗尼龙绳将各个浮床捆扎成6排浮床，每排75只，分置于两边近岸处。靠近岸边的四排种植黄菖蒲，中心的两排为千屈菜。通过木棍和钢管打桩的方式固定，保持浮床离开岸边3m的距离。对浮床边框进行了软化处理，利用漂浮植物铺满生态浮床的边框，使得浮床的框架不至于暴露在外，更加美观，同时也增加了浮床的生物量。

2）生态浮床净化带与河岸之间3 m的距离，即标高1.3 m以上的范围设置了水生植物岸边带，种植沉水植物和浮叶植物。不仅能净化水质还增加了水生态系统的生物多样性，也具有很好的景观效果。

3）在前期研究基础上，工程河段往上海水产大学的方向延伸了100 m，将其分为两段，每段50 m，分别在其中圈植水葫芦和紫根水葫芦两种漂浮植物。

4）在工程河段靠近排污口的位置了一段宽为2.5 m的漂浮植物隔离带，另外在延伸河段设置了两排漂浮植物隔离带，分别宽1 m，一条位于50 m处，另一条位于结尾处，既能够起到防止水葫芦扩散到其他水域的作用，又能有一定的净水效果。

5）在浮床带与圈植区之间的空位，设置了水生蔬菜经济区50 m²，充分地利用了试验区的水面。

Ⅰ. 生态浮床净化带构建

A. 生态浮床净化带设计

浮床的框架为PVC管材拼接而成的矩形，尺寸为2m×1 m。为整个浮床提供浮力支撑。框架内由坚固耐用的细尼龙绳编织成的上下两层网格做为植物的生长载体，上层网格的孔径较下层大，以利于植物在浮床上能够直立。

黄菖蒲（*Iris pseudacorus* L.）和千屈菜（*Lythrum salicaria* Linn）作为工程实施的主要浮床植物物种。黄菖蒲是多年生挺水草本植物，又名黄花鸢尾，为鸢尾科鸢尾属植物。植株高大挺拔，花色黄艳，花姿秀美，花期较长，为4～6月。而且适应性强，喜温暖、湿润和阳光充足的环境，最适生长温度为15～30℃。冬季能耐-15℃，长江流域冬季叶片不全枯。千屈菜为千屈菜科千屈菜属多年生挺水宿根草本植物，地上茎直立，近地面基部木质化，多分枝。长穗状花序顶生，花呈蓝紫色，花期为6～10月。十月下旬地上部分逐渐枯萎，只留粗壮且木质化的地下根茎越冬。

工程中在靠近两岸的四排浮床上种植了黄菖蒲，而靠近河中心的浮床上则种植千屈菜。黄菖蒲的平均种植密度为104株/m²，千屈菜为102株/m²，间植有花叶芦竹、再力花等。

浮床边框软化的方法分为缠绕法和小管法。小管法是利用PVC管材，每隔5 cm挖一个5cm×10cm的长方形小孔，将聚草和香菇草放入管中，让部分植株从小孔伸出。这种方法可以保护植物幼嫩的根系不会被水生生物啃食而影响其生长。在浮床靠岸一边选取50 m的试验段将这种装有漂浮植物的PVC管绑缚在浮岛框架上。剩下的浮床框架软化采用的是缠绕法，即直接将水花生、香菇草等水生植物缠绕在浮床的边框上，使其布满每个浮床的整个边框。

B. 生态浮床净化带建设

工程实施河段长200 m，平均宽度为40 m，河中心水深约为2.7 m。此次试验共使用浮床450个，每个浮床的尺寸为2m × 1m，用粗尼龙绳将所有浮床捆绑成六排，每排75只，在试验河段的两岸离岸3 m处各放置3排，离岸3 m的范围，给沉睡植物和浮叶植物留出生长空间。生态浮床的覆盖率（占水面积的%）达到11.25%。

Ⅱ. 漂浮植物隔离带的构建

共设置了3条漂浮植物隔离带。第一条位于桥下排污口与生态浮床净化带之间，宽2.5 m，总面积约100 m²。由两张尼龙网隔成，两边有多根木桩进行固定。网格孔径为5cm×5cm，网格高出水面1 m，水下深度2 m，起到拦截上游带来的漂浮物和净化水质的作用。另外两条隔离带由直径50 cm的PVC管材做成的1m×2m的浮床框架串联而成，框架下面围有孔径为5cm×5cm的尼龙网深入水下1 m处，分别位于试验河段延伸段的50 m和100 m处，能够防止入侵植物种蔓延到其他水域，也有一定的净水作用。

考虑到水花生和水葫芦在生态学上是有害的入侵种，拦网隔离带的网格设计高出水面1 m，深入水下2 m，而且孔径为5cm×5cm。靠近延伸工程段尽头的隔离带将其倾斜摆置，靠外面的一边高出水面30 cm，可以有效防止植物扩散。

Ⅲ. 近岸水生植物带的构建

工程在生态浮床净化带与河岸之间留有间隙，恢复沉水植被和浮叶植物1200 m²。

穗状狐尾藻（*Myriophyllum spicatum* L.）为临港新城适生种，直接由附近小河沟中取得。由水位线往河中心方向种植3m，标高约为+1.3 ~ +2.7 m。工程中选取睡莲（*Nymphaea alba*）作为浮叶植物种，有红白黄三种颜色，在标高为+1.3 ~ +2.2 m的范围种植，约为离岸边1 ~ 2 m处。种植的方法为：将植物根部用湿泥包裹，并捆上石块，进行抛种。沉水植物种植密度为25株/m²。睡莲约5 m抛一株，存活率为50%。

Ⅳ. 水生蔬菜净水区的构建

利用工程区生态浮床净化带与圈植漂浮植物区之间空出的水域进行水生蔬菜的种植。用细PVC管做成的单层网格浮床种植水生蔬菜，每个浮床尺寸为1m×2m，用尼龙绳捆扎成2m×25m的面积50 m²的示范区，主要蔬菜种为水芹菜、西洋菜、竹叶菜。

Ⅴ. 漂浮植物圈植区的构建

为了达到更好的水质净化效果，工程区域往上海海洋大学一侧延伸100 m，其中圈植漂浮植物。中间50 m的区域种植普通水葫芦；外侧的50 m区域种植紫根水葫芦，即巨紫根小柄叶水葫芦。工程中，将漂浮植物以圈植方式培养，两侧都有延伸到水下1 m以上的细网格阻拦，抑制其过度蔓延。为了使水葫芦能够均匀分布在试验区内而不被风生流带到一起堆叠，也更好地防止它扩散入其他水系，工程将水葫芦4到5株用细的尼龙绳捆成一簇，再连成串，每簇间隔约为1 m，普通水葫芦为五串，每串20簇。紫根水葫芦为三串，每串60簇。植物串的两头系于隔离带的框架上固定。

7.3.2 湖区底泥原位修复工程

底泥（沉积物）是湖泊生态系统的重要组成部分，也是湖泊富营养物质地球化学循环的重要环节与界面。作为全球最大城市人工湖泊的滴水湖，由于长期受到周边土壤盐碱化、外围河网劣Ⅴ类水源以及水体流动性差等的影响，其底泥在历史演变过程中已是水中众多营养物、污染物迁移转化的载体、归宿和蓄积库。现有研究表明，滴水湖已呈轻度富营养状态，底泥在深水层淤积较明显，已成为其污染源之一。因此，开展底泥内源污染控制已成为滴水湖富营养化控制与生态修复的重要内容。

目前采用的底泥内源污染控制技术主要有底泥疏浚、底泥钝化、底泥原位覆盖和底泥原位曝气。底泥疏浚是应用较为广泛的一种内源污染控制技术，但在疏浚效果的问题上国内外争议颇大，尤其是疏浚能否长效控制目标污染物及其对底栖生境的影响。底泥钝化主要是用于限制底泥内源磷的释放，其实施过程中投入的药剂会对底栖生境产生一定的不利影响。底泥原位覆盖不适合于底泥淤积较多或水动力强度较大的水体。作为富营养化水体底泥原位修复的重要技术，人工曝气主要通过影响泥水界面的氧含量和氧分布来控制内源污染物的迁移转化行为，是一种高效低影响的底泥原位修复工程。

根据彩图7.6所示的湖区底泥分布情况，确定在环湖北一路咔吧附近的水域开展底泥原位修复工程（李志洪等, 2014; 上海港城滴水湖建设管理有限公司和华东师范大学, 2014; 沈叔云等, 2014）。

1. 治理方案

（1）底泥原位修复曝气装置优化设计与研制

为了解决现有底泥原位曝气技术中存在的不足及缺陷，工程中采用自行研制的一种基于扰动特征值雷诺数（Re）反馈调控的底泥修复曝气装置。该装置结构紧凑、安装方便、节省能耗、适应性广，克服了底泥扰动悬浮致上覆水浑浊、曝气设备堵塞及噪声的影响，能够根据水动力特性及其动态变化优化调控曝气过程，促使体系中溶解氧水平和缺氧微环境的合理分布，实现底泥内源污染物特别是氮磷营养盐的有效控释。

该低影响型底泥曝气修复所采用的治理方案包括曝气装置的构型、曝气装置的深度布置、基于水动力特性及其动态变化的曝气扰动过程控制、曝气装置的运行方式。具体如下：

1）曝气装置的构型：该装置为机翼型，由潜水泵1、连接阀2、吸气管3、进气阀4、文丘里管5、气水排管6、水力喷嘴7、流速传感器8、控制柜9和导流罩10组成一体。

2）曝气装置的深度布置：通过任意漂浮支架固定导流罩，将曝气装置浸没式安装于水下，保证最深处的水力喷嘴口距离泥水界面10~20 cm，吸气管顶部要高于水面10 cm以上。

3）基于水动力特性及其动态变化的曝气扰动过程控制：通过流速传感器监测泥水界面处流速 v，根据雷诺数Re与流速 v 的关系（$Re=vR/v$，R：水力半

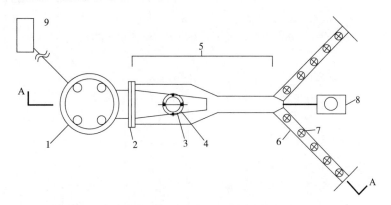

图7.5　滴水湖底泥原位修复：机翼型曝气装置平面图

1—潜水泵；2—连接阀；3—吸气阀；4—进气阀；5—文丘里管；
6—气水排管；7—水力喷嘴；8—流速传感器；9—控制柜；10—导流罩（见图7.7）

径，ν：水动力黏度），通过PLC（Programmable Logical Controller）计算出Re值，实现雷诺数Re与流速ν的一一对应。30 min后，流速在线传感器监测ν并折算为Re，如果Re小于1600，则PLC控制系统通过变频器使潜水泵输出增加5%；如果Re大于2000，则PLC控制系统通过变频器使潜水泵输出减少5%；如果Re在1600～2000之间，则潜水泵输出不作改变按原设定值继续工作。

4）曝气装置的运行方式：首先根据河湖底泥污染和淤积程度，变速调节潜水泵，使得扰动特征值Re在1600～2000之间（底泥污染和淤积程度严重取上限），然后按照以上描述的Re在线实时反馈控制模式进行曝气装置的运行。

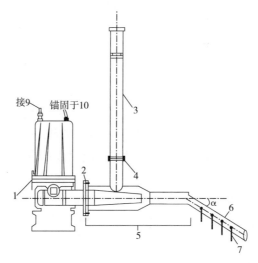

图7.6　滴水湖底泥原位修复：机翼型曝气装置A-A剖面图

说明：α取15～45°，底泥淤积程度严重取上限。

1—潜水泵；2—连接阀；3—吸气阀；4—进气阀；5—文丘里管；
6—气水排管；7—水力喷嘴；8—流速传感器；9—控制柜；10—导流罩（见图7.7）

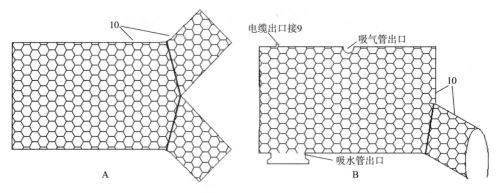

图7.7　滴水湖底泥原位修复：导流罩平面图（A）和立面图（B）

（2）底泥原位修复曝气装置的具体实施方式

以滴水湖示范段为例，其水深2.2 m，风应力对水流驱动有显著的影响，湖泊风生流场的平均速度达0.04~0.07 m/s。首先根据底泥淤积厚度调整气水排管的倾角 α 为30°，导流罩弧形体部分倾角作对应调整，然后将集成一体的机翼型曝气装置固定于四周有钢脚架支撑的PVC材质漂浮支架上，通过φ14的尼龙绳将漂浮支架四周进行锚石固定，调整最深处的水力喷嘴口距离泥水界面10~20 cm，吸气管顶部高于水面10cm以上。随后进行电缆的布设和控制柜9的安装，每个

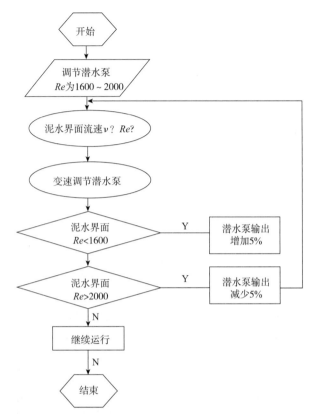

图7.8　滴水湖底泥原位修复：基于水动力特性及其动态变化的曝气扰动自动控制流程

控制回路均需设置漏电保护器。取水深2.2 m作为水力半径R，水动力黏度 ν 为 1.01×10^{-6}，确立雷诺数Re与流速 ν 之间的对应关系，通过PLC将Re与 ν 之间的关联性存储，同时设定曝气扰动过程控制模式；随后开启电源，变速调节潜水泵，使得扰动特征值Re为1800±50，然后通过基于扰动特征值雷诺数的在线反馈实时控制模式调控曝气装置的运行，强化对底泥内源污染物的控释。

该低影响型底泥曝气修复装置具有以下显著优势：1）能够根据水动力特性及其动态变化优化调节曝气过程，促使底泥-上覆水界面溶解氧水平和缺氧微环境的合理分布，实现对底泥内源污染物尤其是氮、磷营养盐的优化控释，同时将包括风浪扰动等自然水动力条件底泥再悬浮过程考虑在内，能够节省曝气能耗；2）采用机翼型曝气装置，尤其是翼部降落式水力喷嘴的布置，比用直管分布充氧效率高，而且防止了采用穿孔管的堵塞问题，能够实现底泥最大辐射面积的充氧过程；3）采用机翼型导流罩，并与潜水泵、文丘里管和气水排管集成在一起，不仅为它们提供结构支撑点，也减少底泥扰动再悬浮对上覆水的影响以及对

底泥的导流，防止曝气装置周围底泥吹空现象。

2. 工程实施

为了更好地进行修复工程的实施，先后在2013年7月10日和8月20日分别对滴水湖从底泥淤积厚度、透明度、溶解氧沿水深分布等方面开展现场调研。结合前期底泥厚度分布模型与污染物空间分布特征，在与相关方进一步沟通后，确定工程地点为环湖北一路靠近咖啡吧处。

图7.9为工程区曝气机布置平面图。两台造流曝气机呈对角线对称布置，建立500 m² (12.5 m×40 m) 的工程作业区。

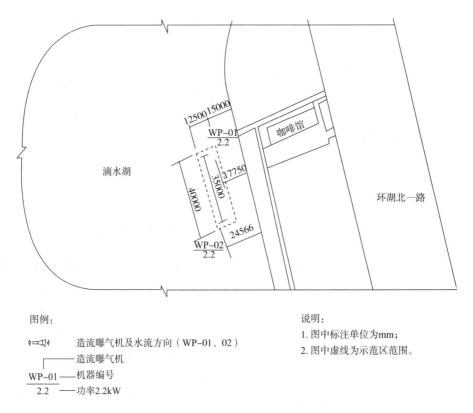

图例：

- ⊶⫘⊷　造流曝气机及水流方向（WP-01、02）
- ──　造流曝气机

$\dfrac{\text{WP-01}}{2.2}$ ── 机器编号

── 功率2.2kW

说明：
1. 图中标注单位为mm；
2. 图中虚线为示范区范围。

图7.9　滴水湖底泥原位修复：工程区曝气机平面布置图

（1）锚固方式平面和立面图

图7.10为工程区曝气机固定方式平面（A）和立面（B）布置图。曝气机采用漂浮安装锚石固定方式。

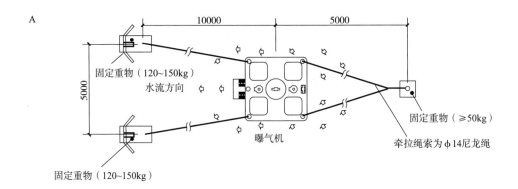

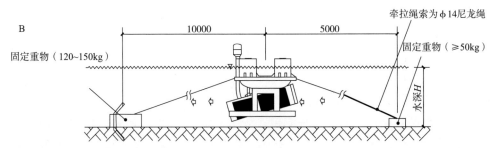

图7.10　滴水湖底泥原位修复：工程区曝气机固定方式平面（A）和立面（B）布置图

（2）接线详图

图7.11为工程区曝气机和控制柜接线详图。

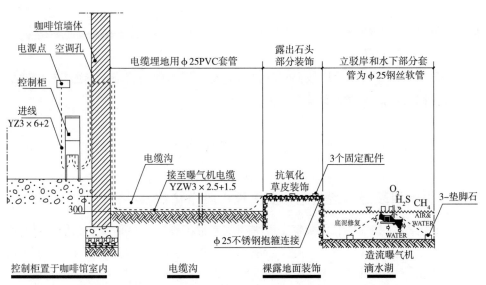

图7.11　滴水湖底泥原位修复：工程区曝气机和控制柜接线详图

（3）主要设备及材料清单

表7.3为工程区底泥原位造流曝气修复涉及的主要设备及材料清单。

滴水湖底泥原位修复：主要设备及材料清单　　　　　　　表7.3

序号	物品名称	规格型号	单位	数量
1	造流曝气机	2.2kW/380V	台	2
2	控制柜	不锈钢户外防雨型	套	1
3	电缆及套管	YZ3×6+2×4	m	250
4	控制柜基础	碳钢防腐特制	套	1
5	安装辅料	垫脚石及绳索等	套	1

（4）操作流程

控制系统设有自动和手动控制两种方式，用户可根据需要进行选择，通过控制柜"手动·自动"按钮进行转换。

手动控制时操作步骤：将控制模式按钮旋至手动档。通过面板上WP-01、02曝气机控制回路按钮组对应的开启按钮和停止按钮，进行曝气机的开启和停止操作。对应开启和停止指示灯会相应亮起。

自动控制时操作步骤：将控制模式按钮旋至自动挡。曝气机运行根据用户要求通过控制柜BP-01中各曝气机控制回路上的时控器进行设定。

设备检修注意事项：如果出现曝气机无法正常运行或需要检修时，须先按停止按钮，再按下总控制开关，切断电源并停止运行，方可进行操作。处理顺序是，断电、检查、检修。

（5）工程的具体实施

2013年9月9日在工程区按照设计进行修复工程的现场实施（彩图7.7　滴水湖底泥原位修复示范工程的现场实施）。

7.4　治理效果

7.4.1　引水河段组合型生态修复工程水质净化效果

于滴水湖引水河段组合型生态工程和滨岸带工程处，分别设立工程效果跟踪点（样点2、3，样点4、5），工程上游河段对照点（样点1），并在与引水河平行的另一河流设立对照点（样点6、7）。2号点为引水河组合型生态工程进水口，3号点为其出水口，4、5号点分别为滨岸带工程进水口和出水口。采样分别于

2010 年 3 月 12 日、4 月 17 日、5 月 13 日进行。

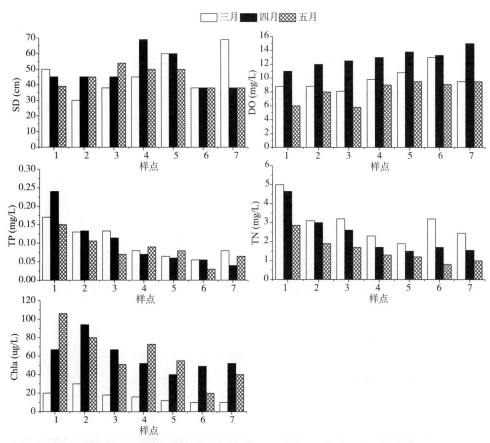

图7.12　引水河生态修复工程各样点SS、DO、TP、TN、Chla的变化情况（2010年）

引水河生态修复工程各样点浮游植物各门种类数变化（2010年）　　　表7.4

样点编号	蓝藻门	绿藻门	裸藻门	隐藻门	硅藻门	甲藻门	金藻门
1	27	107	30	14	65	2	3
2	23	93	24	15	66	3	2
3	20	87	17	14	58	3	3
4	24	88	19	11	59	2	0
5	21	93	17	14	63	2	2
6	17	85	13	12	62	3	0
7	17	74	16	13	54	3	0

引水河生态修复工程各取样点浮游植物密度的变化（×10⁶cell/L，2010年） 表7.5

样点编号	1	2	3	4	5	6	7
3月	4.03	4.45	3.53	2.30	1.99	1.86	1.48
4月	11.03	13.33	12.60	4.00	4.56	5.69	1.37
5月	8.65	9.29	9.87	12.61	8.02	12.13	13.24

引水河生态修复工程各样点水体综合营养型及受污程度评价（2010年） 表7.6

样点编号	3月			4月			5月		
	多样性H′	均匀度J	综合营养型	多样性H′	均匀度J	综合营养型	多样性H′	均匀度J	综合营养型
1	B	B	b	A	A	a	B	A	a
2	B	B	b	A	A	a	B	A	b
3	B	B	b	A	A	b	B	A	b
4	A	A	b	B	A	b	B	A	b
5	B	C	c	B	A	b	B	A	b
6	C	C	c	B	A	b	A	A	c
7	B	C	c	B	B	b	A	A	b

注：A，B，C分别代表重污染、中污染、轻污染；a，b，c分别代表重度富营养、中度富营养、轻度富营养

由此可以看出：

（1）组合生态工程和单一滨岸带工程短期内均可在一定程度上改善水质，尤以前者对营养盐去除作用更显著；藻类密度单因子评价，各样点均达到富营养化水平。藻类多样性指数显示滨岸带工程后部样点污染程度降低，各点总体为中污染；均匀度降低，各处5月均为重污染。综合营养状态指数显示调查河段总体处于中度富营养水平。

（2）工程实施前后藻类平均密度有所降低，说明工程的实施对水质的改善在一定程度上抑制其生长；各点藻类种类分布差别不明显，均以绿藻种数最多，硅藻次之，显示工程短期内对藻类群落结构影响不大。

7.4.2 湖区底泥原位修复工程实施效果

1. 工程运行效果

工程从2013年9月正式实施运行，工程运行检测至2014年6月25日，先后分别于2013年9月、10月、11月和2014年3月、4月、5月和6月进行采样检测，其中6月份采样时发现工程实施区段水质改善效果非常明显，能够清澈见底。

①对COD$_{Cr}$的去除

图7.15为工程运行期间对湖水COD$_{Cr}$的去除，COD$_{Cr}$从运行初期的46.1 mg/L

下降至35.9 mg/L，平均削减率为22.1%。分析认为由于工程区段没有与其他区段隔离，可能存在与工程区外上覆水存在混合现象，降低了工程对COD_{Cr}的真实削减效果。

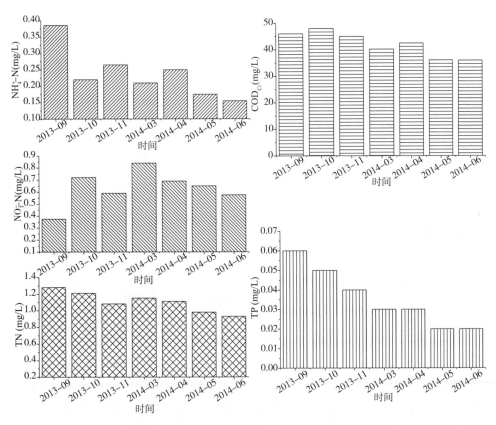

图7.13　滴水湖底泥修复工程运行期间对COD_{Cr}、氨氮（a）、硝氮（b）和总氮（c）、总磷（d）的去除（2013~2014年）

②对氮的去除

工程运行期间，湖水氨氮从运行初期的0.39 mg/L下降至0.16 mg/L，平均削减率为59.0%。表明底泥原位曝气可有效控制底泥内源氨氮的释放。湖水的亚硝氮始终很低，硝氮呈现先增加后下降的趋势，分析认为前期以硝化作用为主导，后期硝化-反硝化耦合作用加强，硝氮的反硝化去除使得硝氮后期下降。总氮从运行初期的1.28 mg/L下降至0.93 mg/L，平均削减率为27.3%。如果隔断工程区与其他水域的联系，实际工程对总氮的去除应大于该值。

③对磷的去除

工程运行期间，湖水TP从运行初期的0.06 mg/L下降至0.02 mg/L，平均削减率为66.7%，说明底泥原位曝气可有效抑制底泥内源磷的释放。

2. **工程效益评价-直接比较法**

采用静态经济评价方法，运用了直接比较法，对该底泥原位曝气修复工程和常规底泥疏浚技术进行技术经济分析。静态经济评价方法对各种费用均不考虑利息因素，也不管投入资金的先后，计算能基本满足精确要求且简单直观。另外，需要说明的是，由于该曝气运行能够根据水动力特性及其动态变化优化调节曝气过程，实现精确曝气，大大节省能耗，故没有考虑运行电耗费用，仅从工程投资角度进行分析。

①曝气设备

曝气设备两套，每套单价30 000元，包括固定支架等配套设施等，共计60 000元。

②控制系统

包括PLC系统、阀门以及控制柜等，共计11 000元。

③电缆及套管

所需电缆和套管250 m，每米电缆和套管30元，共计7 500元。

④安装辅料

包括抛锚及插杆，每套4 000元，共计8 000元。

⑤施工费

施工费为10 000元。

上述工程投资合计为96 500元。按照工程区处理面积为500 m²，每平方米投资为193元。参照国内底泥疏浚的成本约为50～80元/m³；另外加上目前常用的疏浚底泥机械脱水后干化后续处理，成本约为190～250元/ m³，合计为240～330元/m³进行比较，底泥原位曝气修复工程投资明显优于底泥疏浚，而且采用底泥原位曝气修复对底栖生境不会产生较大的影响，也不会出现疏浚底泥后续处理不当产生的二次污染等问题，具有良好的环境与经济效益。

7.5　案例小结

（1）滴水湖是在滨海滩涂上开挖而成的大型人工湖泊，具有：盐碱度高、生态脆弱、风大浪高、湖水交换率低等特点。

（2）滴水湖的主要环境问题是富营养化，自2006年局部水域发生藻华后，上海市有关部门采取了严控河水入湖、环湖绿化、河道净化、底泥修复等多项措施，使滴水湖的营养水平得以降低并趋于稳定。

（3）与国内其他湖泊相比，在目前的滴水湖营养水平能够维持较低的浮游藻密度，可能与滴水湖特殊的盐碱度及水动力有关。

（4）随着临港新城的进一步开发建设，滴水湖集水区的面源污染和内源污染将越来越多，这给滴水湖的环境保护和治理将带来更大的压力。

第8章 上海市银锄湖环境及其评价

8.1 区域与水体概况

银锄湖位于上海市普陀区长风公园的中心区域（图8.1）。长风公园始建于1957年，1959年建成开放，是上海市中心城区的大型公园，具有典型的江南园林风格。长风公园占地面积36.6×10^4 m²，其中，水域面积约14.5×10^4 m²，享有中国百家名园之一、国家4A级旅游景区的美誉（丁静雯，2013；伍斌，2009；杨红军等，2005）。

银锄湖是长风公园内的人工湖，虽然其与周边水体（苏州河）距离很近，但彼此之间的交换很少：苏州河水不进入银锄湖，但银锄湖在暴雨期通过泵站向苏州河排放涝水。银锄湖的水动力弱、湖水交换率低。

图8.1 银锄湖地理区位及周边概况

近年来，因长风公园游客数量上升并导致排污负荷增加，银锄湖的富营养化问题比较突出并出现季节性藻华现象。

8.2 背景调查与分析

8.2.1 污染源

1. 大气干湿沉降

周婕成等（2009）的研究结果表明：2007～2008年期间，上海市区春夏秋冬四季的大气氮湿沉降月通量分别为：4.91 kg/hm²、17.81 kg/hm²、8.29 kg/hm²、3.81 kg/hm²，以夏季最高并呈现"雨-热-污同季"的规律，导致夏季水体营养盐浓度高并在适宜的光照和温度下促进浮游藻增殖。

徐竟成等（2011）的研究结果表明：在上海市杨浦区，仅受大气干湿沉降影响的条件下，水质处于地表水 V 类中值、水深为 0.5m、1.0m、1.5m 和 2.0m 的城市景观水体，经过 28d、54d、83d 和 214d 即可转变为劣 V 类水体。

2. 地表径流

随着城市点源污染控制程度的提高，大气沉降和地表径流引起的面源污染也日益突出（林莉峰等，2007；杨柳等，2004）。由于上海地属北亚热带季风性气候，降水充沛，导致径流污染的可能性增加。张善发等（2006）经研究发现，上海市地表径流污染情况相当严重，地表径流水质主要受生活废弃物的污染，其中可生物降解有机物所占比例较大。

	长风公园下垫面类型组成			表8.1
下垫面类型	建筑、道路和地坪等硬化类型	绿化	水体	总计
面积（hm²）	3.1	19.0	14.5	36.6
占水面积比例（%）	8.5	51.9	39.6	100
径流系数（Ψ）	0.9	0.15	0	0.15

由表8.1可知，长风公园的下垫面中绿化占比较高，这对截留和净化面源污染十分有利。但，绿地对面源污染的净化效果不仅与绿地面积有关，还与污染类型、污染负荷及其排放规律等因素有关。据报道，长风公园年游客量已达到260万人（杨红军等，2005），银锄湖内的游船数量最多时高达300多只（含中型机动船以及小型电动船和人力船等）。庞大的游客数量及其游园活动已经成为长风公园的重要污染源，特别是园区垃圾的增加而不能及时和有效收集、清运（彩图8.1　银锄湖湖边垃圾一角），经雨水冲刷后形成较强的径流污染冲击。此外，银锄湖设置的有偿垂钓区（鱼塘），大量鱼饵饲料的投放一定程度上也加重了水体的污染（彩图8.2　银锄湖垂钓区）。

3. 底泥污染

黄昌发（2001）曾于1999年对长风公园的银锄湖绿荫桥断面的底泥进行了监测分析，结果表明：底泥的有机质含量为5.68%，氨氮、汞、镉、铜、锌和铅的含量分别为178.91 mg/kg、3.45 mg/kg、3.9 mg/kg、5.7 mg/kg、22.0 mg/kg和23.2 mg/kg。文波（2015）于2014年9月和10月对银锄湖沉积物进行了分析，结果表明：底泥的全磷（0.25 g/kg）、全氮（0.21%）、总碳（2.51%）和有机碳（37.97 g/kg），其等指标值均高于同期的丽娃河底泥，且银锄湖沉积物氮、磷变异系数分别为22.7%和30.4%，属于低等变异。

本课题组2016年4月27日对银锄湖底泥淤积情况开展了调查，结果表明：银锄湖底泥淤积厚度为0.1~0.7m，其中，湖心区、二号码头、青枫桥附近的底泥淤积较多（淤积厚度为0.5~0.7m），底泥的有机质、全磷、全氮、氨氮、硝氮含量分别为52.34~67.13 g/kg、0.09~1.18 mg/kg、0.14~2.45 g/kg、27.50~117.62 mg/kg、8.76~98.01 mg/kg，空间分布的变化较大。

综上，银锄湖水体的污染以面源和内源为主，是其水环境治理的重点。

8.2.2　水文与水生态

长风公园的绿化用地有19.0 × 10⁴ m²，水面有14.5 × 10⁴ m²（含：银锄湖及其周边的西老河、荷花池、睡莲池、水禽池、钓鱼池等）。作为长风公园面积最大的水体，银锄湖面积约9.05 × 10⁴ m²，湖面宽约300 m，根据1999年普陀区水资源普查报告显示，银锄湖湖底标高为0.52 m，平均水深1.46 m。长风公园内的外排管道连接银锄湖闸门与华师大雨水泵站，由泵闸控制水位。长风公园湖水补给来自地下水和雨水，当夏季来临，银锄湖水位达到离岸约0.2~0.3 m左右时，银锄湖水则通过外排管道由师大泵站排水（银锄湖的涝水通过泵站排到附近的苏州河）。由于银锄湖不和苏州河直接相通，因此银锄湖水位不直接受苏州河水位影响。

银锄湖水系主次分明、聚中有散，其主湖与周边的西老河、睡莲池、荷花池、水禽池、钓鱼池等小型水体连通，形成了广阔湖面与河道、水池萦回交融的水景（汪松年，2004）。银锄湖的主湖和西老河的驳岸大多直立砌石驳岸形式（有栏杆和无栏杆的），而周边小水池（睡莲池、荷花池、水禽池、钓鱼池）驳岸有直立砌石驳岸形式外，还有自然土壤驳岸以及堆石驳岸等类型（彩图8.3　银锄湖荷花池与水禽池）。水体近岸边植物以垂柳、夹竹桃、水杉、迎春花为主，兼有石榴、菖蒲、麦冬、鸢尾等，水生植物有荷花、菖蒲和睡莲等（彩图8.4　银锄湖近岸边植物）。自1959年公园建成以来，因考虑行船和水面景观等要求，银锄湖从未过大面积栽种水生植物。

8.3　水质现状及评价

8.3.1　水质现状

2013年12月至2014年9月分别在银锄湖的绿荫桥、飞虹桥、海上宴、鱼塘、二号码头、青枫桥、枕流桥和湖心等8个点位（图8.2）开展水质监测，结果分别见图8.3~图8.18，并对监测指标之间的关系进行Pearson相关性分析，结果见表8.2。

图8.2　银锄湖水质采样点位布设

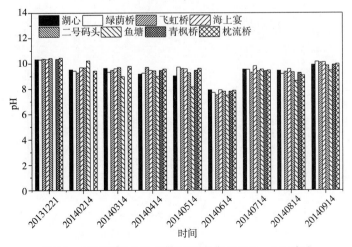

图8.3　银锄湖湖水的pH值时空变化（2013~2014年）

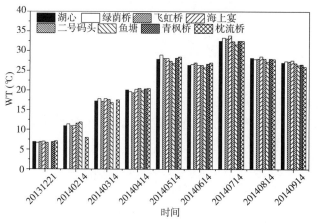

图8.4　银锄湖湖水的WT时空变化（2013～2014年）

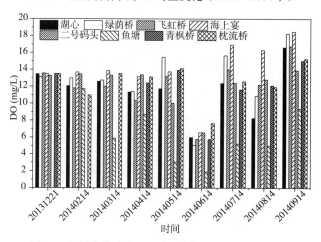

图8.5　银锄湖湖水的DO时空变化（2013～2014年）

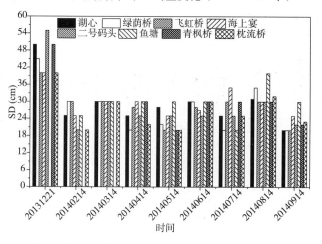

图8.6　银锄湖湖水的SD时空变化（2013～2014年）

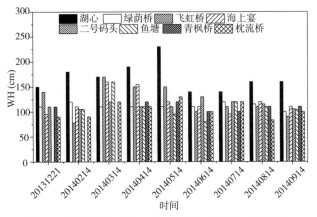

图8.7　银锄湖湖水的WH时空变化（2013～2014年）

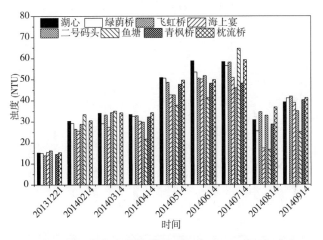

图8.8　银锄湖湖水的浊度时空变化（2013～2014年）

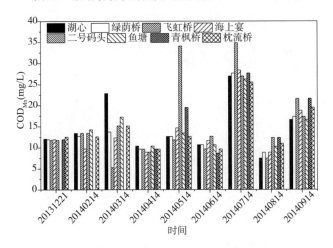

图8.9　银锄湖湖水的COD$_{Mn}$时空变化（2013～2014年）

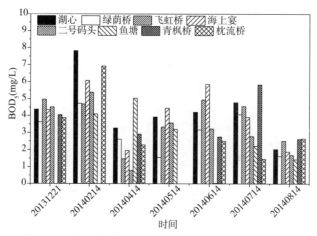

图8.10　银锄湖湖水的BOD$_5$时空变化（2013～2014年）

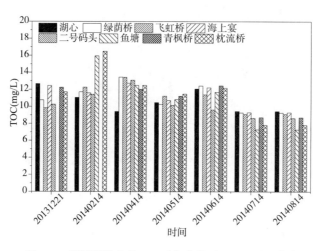

图8.11　银锄湖湖水的TOC时空变化（2013～2014年）

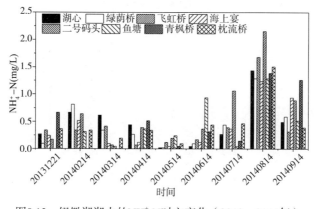

图8.12　银锄湖湖水的NH$_4^+$-N时空变化（2013～2014年）

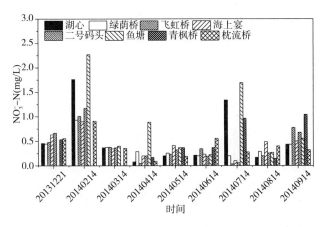

图8.13　银锄湖湖水的NO$_3^-$-N时空变化（2013～2014年）

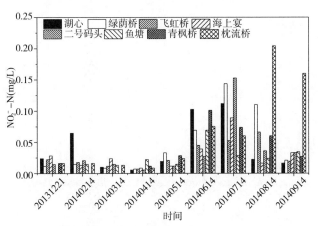

图8.14　银锄湖湖水的NO$_2^-$-N时空变化（2013～2014年）

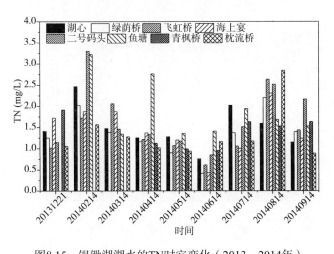

图8.15　银锄湖湖水的TN时空变化（2013～2014年）

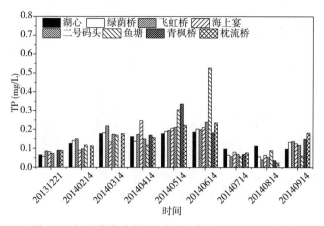

图8.16　银锄湖湖水的TP时空变化（2013～2014年）

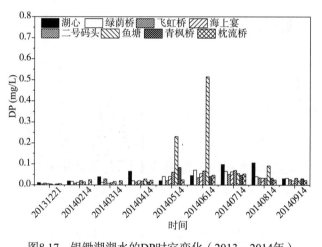

图8.17　银锄湖湖水的DP时空变化（2013～2014年）

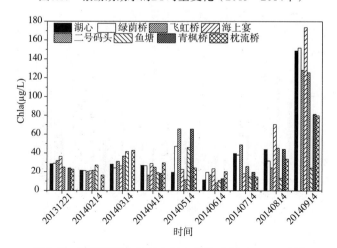

图8.18　银锄湖湖水的Chla时空变化（2013～2014年）

	DO	DP	浊度	NO$_2$-N	TN	BOD$_5$	Chla
pH	0.934**	−0.876**					
WT		0.702*	0.808**	0.693*			
DO	1	−0.775*					0.615(*P*=0.078)
浊度		0.792*	1				
NO$_3^-$-N						0.908**	
NH$_4^+$-N					0.639(p=0.064)		
TOC				−0.776*			

银锄湖水质Pearson相关性（2013～2014年）　　　　　　　　表8.2

注：**表示在0.01水平（双侧）上显著相关；*表示在0.05水平（双侧）上显著相关。

结合图8.3～图8.18和表8.2，可以看出：

（1）银锄湖水质与同期的丽娃河总体上相近，但其有机污染物指标（COD$_{Mn}$、BOD$_5$、TOC）浓度及叶绿素a含量均高于同期丽娃河，水体透明度明显低于同期的丽娃河。

（2）银锄湖湖水pH值呈弱碱性，变化范围为7.5～10.45（因浮游藻生长的周期性而异），平均值为9.39±0.72。水体SD为20～55 cm（因浮游藻生长的周期性而异），平均值为28.77±7.40 cm。湖水平均水温为21.94±8.14 ℃，青枫桥处最高为24.19 ℃。

（3）银锄湖湖水DO平均浓度为11.83±3.56 mg/L，DO与Chla成正相关关系，呈现出富营养化湖泊的普遍特征。

（4）银锄湖湖水TN浓度为0.42～3.30 mg/L，平均值为1.51±0.60 mg/L（V类水质，湖库），各形态氮中，亚硝态氮含量最低，氨氮和硝态氮含量较高，占TN比例最高分别为90.71%和87.17%，体现出静水型富营养化湖泊的污染特点；湖水TP平均浓度为0.14±0.08 mg/L（V类水质，湖库），DP占TP的比例最高为97.69%。

（5）银锄湖湖水COD$_{Mn}$含量为5.28～34.84 mg/L，平均浓度为14.78±6.52 mg/L（V类水质）。二号游船码头处的COD$_{Mn}$均值（16.95 mg/L）高于其他点位，可能与该点位游客数量相对集中有关（该水域的底泥淤积较厚，游船对底泥的搅动引起污染物向湖水释放）。2014年7月银锄湖湖水COD$_{Mn}$平均浓度为28.02 mg/L，显著高于其他月份（*P*<0.05），这一方面与夏季的面源污染有关，另一方面与夏季的浮游藻孳生有关。

（6）银锄湖湖水Chla浓度各监测点位之间变化幅度较大，其变化范围为8.46～173.46 μg/L，其中，鱼塘处平均浓度最低，海上宴处最高，叶绿素a浓度在夏、秋季较高，冬、春季较低，这与杨威等（2012）的研究结果相似。

8.3.2　水质评价

　　分别采用综合污染指数（P）、有机污染指数（A）、综合营养状态指数（TLI）（马明海等，2015a；陈静等，2011）对银锄湖水质和富营养化进行分析评价（表8.3）。可以看出，银锄湖湖水有机污染指数A值随着时间的推移略有降低，除2014年4月和9月外，其余各监测时间内，银锄湖湖水均处于一般污染水平以上，其中52.38%属于低污染水平，有1次监测结果处于严重污染水平。综合污染指数P值显示，处于重污染、中污染、轻污染状态的比例分别4.76%、19.05%和66.67%。综合营养状态指数（TLI值）评价结果表明，银锄湖处于重度富营养、中度富营养和轻度富营养水平的比例分别为10.53%、36.84%和15.79%（彩图8.5银锄湖藻华（2014-06））。

					表8.3
银锄湖水质评价（1999～2014年）					
时间	A	P	TLI	营养水平	备注
1999.8	1.54	0.26	-		黄昌发，2001
1999.11	4.08	0.82	-		
2004.8	3.21	1.17	58.15	轻度富营养	杨红军等，2005
2005.5	2.37	0.53	53.26	轻度富营养	
2005.6	2.43	0.74	49.43	中营养	
2005.7	2.62	0.54	49.22	中营养	
2005.8	2.42	0.60	47.71	中营养	裴红艳，2006
2005.9	2.43	0.53	51.02	轻度富营养	
2005.11	2.15	0.43	49.74	中营养	
2006.1	2.20	0.43	48.29	中营养	
2006.10~2007.9	2.66	0.74	33.88	中营养	程婧蕾等，2009
2014.2~2014.12	1.09	0.66	43.65	中营养	陈皑，2015
2013.12	1.44	0.76	66.83	中度富营养	
2014.2	2.22	0.69	66.03	中度富营养	
2014.3	1.05	0.45	67.25	中度富营养	
2014.4	0.96	0.41	70.81	重度富营养	
2014.5	1.19	0.45	68.85	中度富营养	
2014.6	2.22	0.60	62.73	中度富营养	
2014.7	2.16	0.56	67.37	中度富营养	
2014.8	1.42	0.51	63.21	中度富营养	
2014.9	0.51	0.31	71.72	重度富营养	

8.4　与其他景观水体的比较

　　城市湖泊中的景观水体大多为半封闭的缓流水体，一般具有水域面积小、水动力弱、人类干扰频繁、水生生态结构不完整等特点。以上多种因素导致城市湖泊水质较容易受外部环境影响，一旦水体受到污染，很容易在水生生物生长代谢较快的夏季高温季节出现水中悬浮物增多以及藻类异常增殖的水质恶化现象。浅水湖泊比深水湖泊更易发生富营养化（金相灿，1995；秦伯强等，2006）。选取上海市主要公园的景观水体及北京市6湖与长风公园银锄湖水质进行比较分析，以期为银锄湖水质现状评价及环境治理提供参考依据。

8.4.1　与上海市主要景观水体的比较

　　选取了上海市人民公园、鲁迅公园、豫园、共青森林公园、和平公园、植物园、静安公园、康健园、世纪公园、中山公园、黄兴公园、大宁灵石公园和美兰湖等13个主要公园的景观水体（陈皓，2015；程婧蕾等，2009；丁静雯和王云，2013；裴红艳，2006；杨红军等，2005），分别采用有机污染指数A、综合污染指数P和修正的卡尔森营养状态指数TLI_M对各水体进行水质评价，并与长风公园银锄湖进行比较（表8.4）。可以看出，公园内景观水体的面积大小顺序为共青森林公园＞镜天湖＞银锄湖＞大宁灵石公园＞黄兴公园＞美兰湖＞植物园＞鲁迅公园＞和平公园＞中山公园＞康健园＞静安公园＞人民公园＞豫园，对水域面积和三种指数进行Pearson相关性分析得出，综合污染指数值随着景观水体水面积的减小而显著增加（$r=-0.547$，$P<0.05$）。被誉为上海"中央公园"的人民公园，其水域面积较小，水环境容量低，导致其水质相对较差，三个监测时段的平均A值为3.22，已达到了中等污染水平；综合污染指数P值平均为1.02，处于重污染状态；TLI_M值均在60以上，处于富营养水平，2004年8月最高为77.35。与人民公园类似，豫园的水体面积最小，其平均A值、P值和TSI_M值分别为2.86、1.32和76.34，表明其水体存在污染，富营养化水平仅次于和平公园（$TSI_M=80.47$），高于银锄湖等其他景观水体。从修正的卡尔森营养状态指数值可知，14个公园水体均存在富营养状况，其富营养化水平大小顺序为：和平公园＞豫园＞美兰湖＞银锄湖＞镜天湖＞人民公园＞大宁灵石公园＞植物园＞鲁迅公园＞共青森林公园＞黄兴公园＞康健园＞＞中山公园＞静安公园，进而表明长风公园银锄湖水体富营养化情况不容乐观，需引起重视。

上海市主要景观水体评价　　　　　表8.4

地点	所在区	水域面积（$10^4 m^2$）	时间	A	P	TSI_M
人民公园	黄浦区	0.14	2004.8	4.33	1.50	77.35
			2005.5~2006.1	2.23	0.82	61.42
			2006.10~2007.9	3.09	0.80	65.09
豫园	黄浦区	0.05	2004.8	3.57	1.10	71.84
			2005.5~2006.1	2.51	1.08	74.90
			2014.2~2014.12	2.51	1.77	82.27
鲁迅公园	虹口区	3.71	2004.8	3.69	1.50	72.45
			2005.5~2006.1	2.42	1.00	65.78
			2006.10~2007.9	2.51	0.61	64.00
共青森林公园	杨浦区	12.85	2005.5~2006.1	2.32	1.00	65.66
			2006.10~2007.9	2.42	0.69	67.89
和平公园	虹口区	3.18	2005.5~2006.1	2.58	1.71	77.85
			2006.10~2007.9	3.21	1.38	84.20
			2014.2~2014.12	2.31	0.81	79.37
黄兴公园	杨浦区	7.64	2006.10~2007.9	2.54	0.55	60.00
			2014.2~2014.12	2.46	0.50	71.37
植物园	徐汇区	5.49	2005.5~2006.1	2.26	0.93	67.53
静安公园	静安区	0.15	2005.5~2006.1	2.33	0.85	61.36
康健园	徐汇区	0.87	2005.5~2006.1	2.34	0.90	64.95
中山公园	长宁区	1.26	2006.10~2007.9	2.46	0.57	62.80
大宁灵石公园	静安区	8.55	2014.2~2014.12	3.09	0.51	67.54
美兰湖	宝山区	7.33	2014.2~2014.12	3.21	1.03	74.67
世纪公园镜天湖	浦东新区	12.5	2014.2~2014.12	2.54	0.46	69.21
长风公园银锄湖	普陀区	9.05	2013.12~2014.9	1.60	0.53	71.83

8.4.2　与北京市六湖的水质比较

　　北京市区共有大小不同的城市湖泊30余个，总水面面积约7.30×10^6 m^2；湖泊水深一般为1.5~2.0 m，最大的是昆明湖，面积1.94×10^6 m^2，绝大部分湖泊与河道相通。北京市城市湖泊曾因富营养化发生过多次水华事件，2001年夏季什刹海蓝藻"水华"暴发，湖水发臭，鱼类大量死亡，2005年昆明湖又出现了较严重的水华现象（荆红卫等，2008）。城市湖泊的富营养化及其次生灾害给首都的生态环境和声誉带来了不良影响。课题组曾于2010年4月～2010年7月对北京市6

湖的水质进行了监测分析（陈建军，2011），分别采用有机污染指数A、综合污染指数P和综合营养状态指数TLI对6湖湖水质量进行评价（表8.5）。从水体面积与四个指数之间的关系（表8.6）可以看出，水体A、P和TLI值均与水体面积成负相关关系，其中，综合营养状态指数TLI随着水体面积的增加而显著降低（$p < 0.05$）。北京市6湖中，昆明湖的水质最好，平均水质营养程度为"中营养"，没有达到富营养化的程度；青年湖和前海两湖的水质为"轻度富营养化"，而紫竹院湖、陶然亭湖和红领巾湖三湖的水质相对较差，为"中度富营养化"。相比较北京6湖，长风公园银锄湖的营养状态与红领巾湖接近，同时A值约为红领巾湖的2倍，表明银锄湖除氮磷含量较高以外，还存在有机污染物的输入。

与一般自然湖泊类似，夏季是公园人工湖遭受污染最为严重的季节。故夏季应是公园有关部门对人工湖进行重点整治维护的季节，应加强公园统一规划管理；设立公益性广告宣传牌；定期对水面漂浮垃圾打捞清除；建议严格限制水体周围绿地的施肥施药；在水体内运用生物调控手段，如放养净水功能性水生动物、种植水生植物等生态措施进行水体原位生物净化；管理措施和生态修复措施协同作用以更好地维护好城市公园水体的水环境质量。

银锄湖与北京6湖水质比较　　　　　　　　　　　　　　　表8.5

地点	水域面积（$10^4 m^2$）	时间	A	P	TLI	富营养化分级
前海	30		0.08	0.39	54.20	轻度富营养
青年湖	5		0.95	0.87	60.74	中度富营养
昆明湖	194	2010.4~2010.7	0.30	0.35	47.76	中营养
紫竹院湖	16		0.63	0.53	63.56	中度富营养
陶然亭湖	17		0.44	1.27	63.84	中度富营养
红领巾湖	16		0.88	0.58	66.12	中度富营养
银锄湖	9.05	2013.12~2014.9	1.60	0.53	67.42	中度富营养

景观水体面积与各指数之间的Pearson相关性　　　　　　　表8.6

	水域面积	A	P	TLI
水域面积	1	−0.432	−0.436	−0.832*
A		1	0.064	0.71
P			1	0.437
TLI				1

注：**表示在0.01水平（双侧）上显著相关；*表示在0.05水平（双侧）上显著相关。

8.5　案例小结

（1）作为上海市普陀区长风公园内最大的人工湖，银锄湖自建成之后未曾经过任何生物修复等治理措施。随着城市化的发展，游客数量激增（彩图8.6　银锄湖游船）、地表径流、底泥释放污染而导致湖水水体生态系统退化。

（2）银锄湖湖水中磷主要以溶解态磷酸盐形式存在；氮的形态因时空分布不同而异，氨氮和硝态氮含量相当，氮、磷和Chla是银锄湖的主要污染指标。

（3）与其他景观水体相比，银锄湖水质略好于上海市和平公园、豫园和美兰湖，而劣于大部分的上海市主要公园水体；湖水营养水平高于北京市6湖中的5个湖。

（4）银锄湖湖水处于中度富营养化水平，且随着时间的推移，其营养水平存在逐渐恶化的趋势，需给予必要的关注，并加强管理，及时采取面源控制和底泥疏浚等治理措施，避免水质、生态和景观的进一步恶化。

第9章　城市河道水环境治理的蚊虫孳生响应

城市河道不仅是蚊虫孳生的重要场所，而且河道周边的人畜还是蚊虫的血源和侵害对象。因此，研究城市河道水环境治理的蚊虫孳生效应，是关系市民身体健康乃至生命安全的大事。

9.1　研究背景

蚊虫是重要的病媒生物，不仅叮吸人血，烦扰人们正常的工作和休息，更重要的是蚊虫可传播疟疾、登革热、寨卡、乙型脑炎等多种疾病，导致全球每年约100万人因此而感染甚至死亡（Becker et al., 2010；Schaffner et al., 2013；祝龙彪等，2006；徐承龙等，2006a）。据WHO报道，2015年9月统计全球约2.14亿人感染疟疾，其中43.8万人死亡。全球近一半的人口存在感染登革热的风险，每年约20万人感染黄热病，其中约3万人死亡。随着各地区之间的经济贸易和旅游业、交通运输业的快速发展，加剧了蚊媒疾病在各地区分布的流动性和危害性（Giovanni，2012；Xu et al., 2007）。蚊媒疾病的有效控制关键在于媒介的控制，从根本上减少蚊虫的数量(Dufourd et al., 2013)尤为重要。

依据蚊虫的生态习性（徐承龙等，2006b），蚊虫一生四个生长阶段（卵、幼、蛹、成虫）中的前三个阶段均在水体中完成，研究水体环境对蚊虫孳生的影响尤为重要（陆宝麟，1999）。关于蚊虫孳生地的调查研究，大多集中在农舍、土地利用类型、小型积水坑、容器（如废弃轮胎、花盆）、人工湿地、水利设施等（Dada et al., 2013; Kweka et al., 2015; Walton et al., 2012; Yee et al., 2010;马明海等，2015b）。国内外对于河道中蚊虫孳生情况的研究鲜有报道，尤其是中小型缓流河道。河道治理措施中的生态修复技术备受青睐（Mitsch, 2005; Yadav et al., 2012），生态修复措施中使用的水生植物具有减缓水流速度、遮阳和提供休憩等作用，而且腐败的植物残体及水中的有机物、氮、磷等物质为蚊幼的生长发育提供了必要的食物来源，尤其缓流型、浅水型水体是蚊虫重要的孳生地之一（Chaves et al., 2009; Mwangangi et al., 2012; Yahouédo et al., 2014；刘善文，2014；陆宝麟，1999）。

基于此，选取上海市工业河、淡江河、真如港、长浜、丽娃河、樱桃河、桃浦河和温州市的山下河、九山外河、蝉河共10条河道（表9.1）（马明海等，

2015a）为调查对象，10条河道分别涉及工业居住混合区、新建居民区、棚户动迁区、新建高新区、大学校园、老城区等不同环境背景。对河道蚊虫孳生的季节变化规律与多样性进行调查，探究影响蚊幼孳生及时空分布的因素，建立河道环境与蚊幼孳生的相互关系，为实现城市水环境修复与水卫生安全的协调发展提供科学依据。

研究河道概况　　　　　　　　　　　　　　　　表9.1

城市	河道	所属区	所在地	平均河宽/m	平均水深/m	与外围水系沟通	截污和疏浚	生态重建	有无管理	所属干流
上海	工业河	普陀	工业居住混合区	10	1.2	良好	不彻底	无	有	桃浦河
	长浜河	宝山	新建居民区	10	1.0	较差	不彻底	部分	有	桃浦河
	淡江河	嘉定	棚户动迁区	6	1.2	较差	无	无	无	新搓浦河
	樱桃河	闵行	新建高新区	15	1.3	良好	彻底	部分	有	黄浦江
	丽娃河	普陀	大学校园	34	1.7	差	彻底	全部	有	苏州河
	真如港	普陀	老居民区	9	1.5	较差	不彻底	部分	有	苏州河
	桃浦河	宝山	施工场所	29	2.0	良好	无	无	有	蕴漕浜
温州	山下河	鹿城	城中村	14	1.4	较差	较彻底	部分	有	温瑞塘河
	九山外河	鹿城	老城区	13	1.3	良好	较彻底	部分	有	勤奋河
	蝉河	鹿城	老城区	15	1.7	良好	较彻底	部分	有	温瑞塘河

9.2　研究方法

9.2.1　采样点布设

根据10条河道的具体情况，选取蚊幼孳生可能性较大的点位为采样点，分别在工业河、淡江河、真如港、长浜、丽娃、樱桃河、桃浦河、山下河、九山外河、蝉河设置5、3、7、3、5、4、1、5、7和3个采样点位，共计43个点位（图9.1）。

9.2.2　采样方法

对于城市河道这种大中型水体蚊虫幼虫（蛹）的监测，一般采用勺捕法，即用350mL标准勺捕集10条河中的蚊幼（Silver，2008），每个采样点采集5~20勺，水勺中多余的水不能随意倒回河道，以致妨碍下一点位采样（祝龙彪等，

2006）。然后，计数蚊幼数量，并带回实验室培养成蚊，蚊种鉴定（Oo *et al*., 2004；Rattanarithikul *et al*., 2010）由上海市疾病预防与控制中心病媒防治科帮助完成。在每个蚊幼采集点同时采集河道表层水样，水样的pH、WT、DO和SD的测试在现场完成，其余水质指标由实验室分析完成。

9.2.3 数据分析

蚊幼阳性率（%）= N_p/N，蚊幼（蛹）密度MD（条/勺）= N_l/N_p，其中N_l为采集所得的蚊幼（蛹）总数，单位为条；N_p和N分别为阳性勺数和总勺数，单位为勺。蚊幼密度与水质指标之间的关系采用SPSS19.0进行相关性分析，显著性水平α取值0.05。

蚊种的分布度指数（Rydzanicz *et al*., 2003）$C = n/N \times 100\%$，其中n为每一蚊种在单个采样点位的数量，N为采样点位的

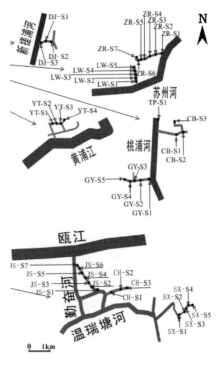

图9.1 采样点分布示意图

数量。分类如下：C1—零星出现（0~20%），C2—稀少出现（20.1%~40%），C3—适度出现（40.1%~60%），C4—经常出现（60.1%~80%）和C5—恒定出现（80.1%~100%）。采用香农多样性指数（H′）（Hunter *et al*., 1988）评价河道蚊虫的种群多样性。

9.3 结果与分析

9.3.1 蚊幼数量的时空分布

在采样周期内，每月采集一次蚊幼数量，计数并计算蚊幼密度。结果显示，10条河道仅有4条河道出现蚊幼，分别是上海市的工业河、桃浦河和温州市的山下河、九山外河，分别见图9.2、图9.3、图9.4和图9.5。未出现蚊幼的其余6条河中，长浜河、真如港与蝉河类似，虽有用于净化水质的水生植物，但水中鱼类（彩图9.1 河中鱼）及浮游动物（彩图9.2 浮游动物）较多，会与蚊幼发生竞食甚至吞食蚊幼或蚊卵。（Louis *et al*., 2012；Reiskind *et al*., 2009；Shaalan *et al*., 2009）尤其是真如港（彩图9.3 真如港），采样期间常发现附近的居民于河边垂

钓。淡江河（彩图9.4　淡江河）地处棚户改造区，人烟稀少，自2014年初仅有的几户居民搬迁完成，淡江河两岸被夷为平地，再无供雌蚊吸血产卵的血源存在；另外，淡江河由于无人问津，河道生态破坏严重，水质恶化，河面上的浮萍长期存在，完全覆盖了整个河面，这样会阻碍蚊幼的正常呼吸，严重影响蚊幼的存在。地处新建高新区的樱桃河（彩图9.5　樱桃河）与黄浦江相连，受潮汐的影响（张海春等，2013），河水波浪较大，不利于蚊幼栖息；且樱桃河沿岸均为亲水步道并无树木遮挡，处于暴晒状态不适成蚊生活。丽娃河（彩图9.6　丽娃河）水质一直稳定在地表水Ⅲ类水标准左右（河流），水中可供蚊幼生长所需的碳源及营养物质较少（李静文等，2010），不利于蚊幼孳生；另外，丽娃河中成群的鱼虾会成为蚊幼的致命天敌（Reichard *et al*., 2010; Shaalan *et al*., 2009）。

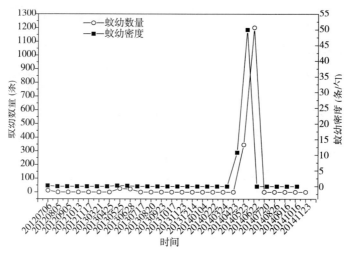

图9.2　工业河蚊幼孳生情况（2012～2014年）

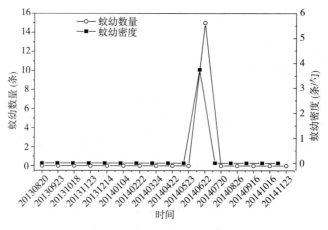

图9.3　桃浦河蚊幼孳生情况（2013～2014年）

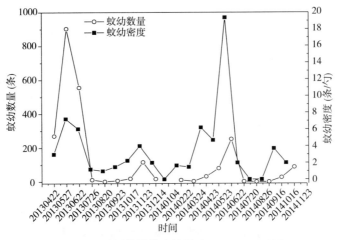

图9.4　山下河蚊幼孳生情况（2013～2014年）

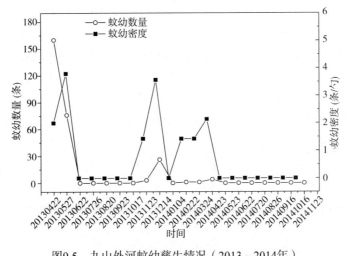

图9.5　九山外河蚊幼孳生情况（2013～2014年）

由图9.2~图9.5可以看出：

（1）工业河蚊幼的季节消长为单峰型，蚊幼密度的高峰期主要集中在2014年的5月和6月，其中以2013年6月最高达50条/勺。这种现象很大程度上受到水温的影响，2014年5月至6月工业河河水WT处于24.4±0.5℃水平，最接近实验室饲养蚊虫的最适宜温度（Mohammed *et al.*, 2011；李菊林等，2015；刘凤梅等，1998）。曹敏等（2011）对浦东国际机场淡色库蚊和致倦库蚊进行蚊虫孳生调查，也得出5月和6月蚊幼虫密度较高的相同结论，并认为是温湿度适宜、雨水充沛所致。

（2）在采样周期内，桃浦河仅在2014年6月出现一次蚊幼，密度为3.75 条/

匀，这与工业河蚊幼孳生规律类似。桃浦河河面较宽阔，几乎没有水生植物生长，且水流速度较大，不利于蚊幼孳生（Paaijmans *et al.*, 2007）。

（3）山下河一年四季中均有蚊幼存在，其蚊幼孳生为明显的双峰型，第一个孳生高峰期主要集中在5~6月，10~11月出现第二个小高峰。最大密度出现在2013年的5月，达到7.23 条/勺。山下河河水经综合治理后水质取得了立竿见影的效果，由于城中村污水的漏排导致河水黑臭重现，鱼虾种类及数量均大量萎缩，仅有极少量耐污种存在，为蚊幼的生长提供了丰富的食源和舒适的环境，导致蚊虫大量孳生。

（4）九山外河蚊幼密度的高峰期主要集中在2013年的5月（3.80条/勺）和12月（3.57条/勺），其次为2014年4月（2.14条/勺）、2013年4月（2条/勺）以及2014年3月和2月（1.43条/勺），其余各采样时间点蚊幼均未出现，这与九山外河治理后水生动物尤其是脊椎动物（如柳条鱼）大量繁殖有关。水中大量存在的鱼类可快速高效地消灭水中蚊幼（Reichard *et al.*, 2010；刘丽娟和童晓立，2012）。

（5）已有文献（Bonizzoni *et al.*, 2013；Walsh *et al.*, 2008；徐承龙等，2006b；周毅彬等，2010）普遍认为蚊幼孳生以每年3月份开始至当年11月份结束。经过我们的实地调查发现，在冬季（12月至次年2月）依然有蚊幼存在于河道中，且在条件适合的情况下蚊幼密度依然可以处于较高水平。

采样期间，对阳性河道的水面处及部分河道的曝气机旁进行了蚊幼采集（图9.6），结果发现，曝气机工作时，附近（<1.5 m）无一蚊幼出现，这与曝气对水体的搅动及曝气机工作发出的噪声有关。采样周期内，水面处仅在山下河与工业河各出现一次蚊幼，这可能是河水风浪所致。水面处无法提供蚊幼休憩附着的载体，不利于蚊幼存在（Calhoun *et al.*, 2007；Imbahale *et al.*, 2011）。

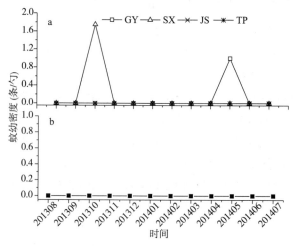

图9.6　河道蚊幼分布（a—水面处，b—曝气机旁，2013~2014年）

9.3.2　蚊种时空分布

从现场采集的蚊幼经实验室培养成蚊，这期间由于多种因素（运输、竞食、生长环境的改变等）的影响，现场采集的1418只蚊幼中有1360只羽化成蚊，蚊幼的羽化率为95.91%。根据不同蚊种的特性，采用立体显微镜对羽化后的1360只成蚊进行种类鉴定及计数（表9.2）。不同蚊种在四条河道中的分布指数见图9.7，蚊种随时间变化见图9.8。

河道蚊种分布（2013~2014年）　　　　　　　　　　表9.2

河道	雄性	雌性	淡色库蚊	致倦库蚊	褐尾库蚊	迷走库蚊	白蚊伊蚊	H′	成蚊数量	蚊幼数量
GY	378	250	490[78%]	135[21.5%]	3[0.5%]	-	-	0.52	628	631(137)
TP	10	5	15[100%]	-	-	-	-	0	15	15(4)
DJ	-	-	-	-	-	-	-	-		-
LW	-	-	-	-	-	-	-	-		-
ZR	-	-	-	-	-	-	-	-		-
YT	-	-	-	-	-	-	-	-		-
CB	-	-	-	-	-	-	-	-		-
SX	355	324	437[64.4%]	194[28.6%]	1[0.2%]	6[1%]	41[6%]	0.86	679	732(169)
JS	22	16	25[65.8%]	8[21%]	-	5[13.3%]	-	0.87	38	40(7)
CH	-	-	-	-	-	-	-	-		-
合计	765	595	967	337	4	11	41		1360	1418(317)

备注：小括号内数值为I-II龄蚊幼的数量；中括号内数值为该种蚊虫数量占所在河道蚊虫总数量的百分比

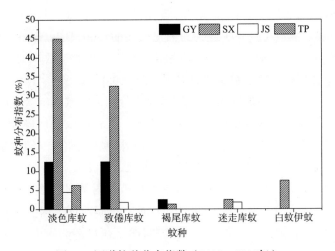

图9.7　河道蚊种分布指数（2013~2014年）

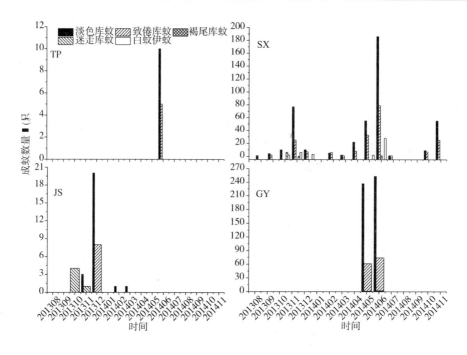

图9.8 阳性河道蚊种分布（2013～2014年）

由表9.2、图9.7和图9.8可知：

（1）在采样周期内，10条河道中有4条河道表现为蚊幼阳性，共采集1418只蚊幼，山下河蚊幼数量（732只）最多，其次为工业河（631只）和九山外河（40只），桃浦河蚊幼数量（15只）最少。羽化成蚊的1360只中，雄性成蚊数量（765只）多于雌性成蚊（595只），且早期蚊幼（Ⅰ龄和Ⅱ龄）数量（317只）明显少于晚期蚊幼（Ⅲ龄和Ⅳ龄）数量（1101只）（$p<0.05$）。

（2）经鉴定，1360只成蚊可分为2属5种，分别为库蚊属的淡色库蚊、致倦库蚊、褐尾库蚊、迷走库蚊和伊蚊属的白纹伊蚊。淡色库蚊是优势种，广泛分布在每一条阳性河道中，占工业河、山下河、九山外河和桃浦河蚊幼数量的比例分别为78%、64.4%、65.8%和100%。致倦库蚊次之，占工业河、山下河和九山外河的比例分别为21.8%、28.6%和21%。致倦库蚊被认为是习惯孳生在富营养的污染水体中(Savage *et al.*, 1995)。在温州的山下河中我们发现了白纹伊蚊的幼虫，这与传统的认识不相吻合。一般认为白纹伊蚊栖息在自然的人工容器中（Dieng *et al.*, 2011）。

（3）4条阳性河道中，山下河蚊幼出现率最高，九山外次之，桃浦河最少（仅1次出现蚊幼）。按照Rydzanicz（2003）的分类标准，淡色库蚊在工业河、山下河、九山外河和桃浦河的分布指数分别为12.5%、45%、4.5%和6.3%，分别处于零星出现、适度出现、零星出现和零星出现水平，即4条河道中，温州的山下河最容易孳生蚊幼。

（4）生物多样性分析结果显示，4条阳性河道香农多样性指数大小顺序为九山外河（0.87）＞山下河（0.86）＞工业河（0.52）＞桃浦河（0）。

9.4　蚊虫孳生与水环境的关系

由前文分析可知，蚊幼的孳生随时间和空间的不同而变化。由于蚊虫自身特殊的适应性，任何水生环境均可成为蚊虫的潜在栖息地。通过汽车、飞机或轮船，蚊虫可以在几天甚至几个小时内从一个国家传播到另一个国家（Madon et al., 2002）。是什么因素导致雌蚊在水面产卵至今仍未完全确定，水质、光照度、已有的蚊卵、充足的食物以及所在地植被等因素均会影响雌蚊产卵的选择。例如，淡色库蚊喜欢在有机物质丰富的水体中产卵，轲蚊属雌蚊则把蚊卵产于水生植物旁以利于蚊幼生长（Becker, 1989）。

目前，关于影响蚊虫孳生的因素很多，包括温度、湿度、风速、降雨、气压等气象因素（Becker, 2008; Farjana et al., 2012; Fischer et al., 2011; Jian et al., 2014; Olson et al., 2009）。水中的营养物质会影响蚊幼的生长，水中的部分水生动物亦会与蚊幼发生竞食甚至捕食蚊卵或蚊幼（Hemme et al., 2010; Kumar et al., 2006; Yahouédo et al., 2014）。水在蚊虫生长的过程中具有重要的作用，因此，对4条阳性河道（工业河、山下河、九山外河和桃浦河）进行蚊幼采集的同时，也对相应采样点的水质进行了监测，以期分析蚊幼密度与水质各指标之间的关系，从河道水环境治理的角度提出蚊媒疾病控制的依据。

9.4.1　工业河

工业河阳性月的水质参数与蚊幼密度之间的Pearson相关性分析结果见表9.3。可以看出，工业河蚊幼密度（MD）和DP呈极显著正相关（$r=0.970$, $P<0.01$），这可能是由于水中的DP作为营养物质，可促进藻类繁殖，直接或间接为蚊幼提供营养或食物所致。由于工业河水质较差，并伴有黑臭现象，该河流除开闸放水外，其余时间水体流动性较差。岸边斜生垂柳，大量柳枝垂于水面，这种形态既方便成蚊落于水面产卵，又为蚊幼提供了挡风蔽日的栖息场所。工业河水化学需氧量最高，说明水体中含有较高浓度的有机物，可为蚊幼提供丰富的食物，利于蚊幼孳生。因此，工业河蚊幼孳生调查为阳性。

工业河阳性月水质及蚊幼密度相关性（2013～2014年）								表9.3
	pH	WT	DO	SD	NH$_4^+$-N	DP	COD$_{Cr}$	Chla	MD
pH	1								
WT	0.137	1							
DO	0.715	0.306	1						
SD	−0.557	0.114	0.060	1					
NH$_4^+$-N	0.008	−0.820	0.055	−0.181	1				
DP	0.015	−0.377	−0.610	−0.365	−0.153	1			
COD$_{Cr}$	−0.808	−0.153	−0.208	0.724	0.286	−0.522	1		
Chla	−0.788	−0.244	−0.194	0.764	0.329	−0.465	**0.990**	1	
MD	0.144	−0.298	−0.436	−0.276	−0.244	**0.970**	−0.596	−0.522	1

注：*表示在 0.05 水平（双侧）上显著相关；**表示在0.01 水平（双侧）上显著相关；MD表示蚊幼密度。

9.4.2　山下河

山下河经治理后虽取得了显著效果，但好景不长，伴随着生活污水的漏排，其水质黑臭依旧，且水生植物的设置，两岸的绿树成荫均为蚊幼的孳生提供了便利条件。山下河阳性月蚊幼密度与水质的Spearman相关性分析结果见表9.4。可以看出，山下河阳性月的蚊幼密度与TN存在显著的正相关关系（$p<0.01$），随着DO浓度的增加，蚊幼密度显著减少（$p<0.01$）。

山下河阳性月水质及蚊幼密度相关性（2013～2014年）								表9.4
	pH	WT	DO	SD	TN	TP	COD$_{Cr}$	Chla	MD
pH	1								
WT	−0.392	1							
DO	−0.034	0.112	1						
SD	0.014	−0.09	0.326	1					
NH$_4^+$-N	0.092	0.025	**−0.628**	−0.45	1				
DP	−0.112	0.021	−0.319	**-.664**	0.449	1			
COD$_{Cr}$	−0.175	−0.021	−0.236	−0.376	**0.674**	**0.479***	1		
Chla	0.023	0.414	0.109	−0.243	−0.033	0.147	0.039	1	
MD	−0.085	−0.283	**−0.678**	−0.136	**0.537***	0.34	0.266	−0.166	1

注：*表示在 0.05 水平（双侧）上显著相关；**表示在0.01 水平（双侧）上显著相关；MD表示蚊幼密度。

9.4.3　九山外河

由前文水质分析可知，九山外河水质一般，曾伴有黑臭现象，该河流除勤奋闸开闸放水外，其余时间水体流动性一般。治理工程中采用的生态浮床为蚊幼栖息提供了附着物。两岸绿化较好，大型乔木的树冠对部分水面有一定遮光作用，这些都为蚊幼提供了挡风蔽日的栖息场所。九山外河中的化学需氧量及藻类均可为蚊幼提供食物来源，有利于蚊幼孳生（彩图9.7）。九山外河水质参数与蚊幼密度Pearson相关性结果见表9.5。可以看出，九山外河蚊幼密度和水温呈显著负相关（$r = -0.538$，$p < 0.05$）。温度是影响蚊虫发育和繁殖的主要气象因素。一般来说，温度为10～35℃时最适宜大多数蚊类的发育和活动。蚊幼虫阶段最适宜水温约28℃水温降至25℃时发育就开始逐渐延缓，<25℃更加缓慢，10℃时发育则完全停止（Bayoh et al., 2003; Mohammed et al., 2011; Tun-Lin et al., 2000; 裴福全等，2011；王伟明等，2010）。

九山河水质及蚊幼密度相关性（2013～2014年）								表9.5
	pH	WT	DO	SD	NH_4^+-N	DP	COD_{Cr}	Chla	ρ_L
pH	1								
WT	−0.287	1							
DO	0.277	−0.073	1						
SD	−0.431	0.095	−0.207	1					
NH_4^+-N	−0.249	0.121	−0.175	0.005	1				
DP	−0.174	0.052	−0.295	−0.284	**0.638****	1			
COD_{Cr}	0.022	0.047	−0.342	−0.198	**0.523***	0.442	1		
Chla	0.022	0.327	0.142	−0.102	0.296	0.303	0.093	1	
ρ_L	−0.047	**−0.538***	−0.12	0.148	0.387	0.046	0.391	−0.364	1

注：*表示在0.05水平（双侧）上显著相关；**表示在0.01水平（双侧）上显著相关；MD表示蚊幼密度。

9.5　案例小结

为探索河道水环境与蚊虫孳生的关系，对上海和温州两地共10条河道的蚊虫孳生情况进行了调查分析，结果如下。

（1）调查的10条河道中有4条河道（桃浦河、工业河、山下河、九山外河）表现为蚊幼阳性，证实了河道中存在蚊虫的孳生，且其分布受多种因素影响。

（2）阳性河道中的蚊虫种类以淡色库蚊为优势种类，且广泛分布于两市的4条河道。上海工业河的蚊幼孳生仅在6月份出现一个高峰期，山下河则存在两个孳生高密度期，分别是5~6月和10~11月。另外，山下河一年四季中均出现蚊幼孳生。

（3）生物多样性分析结果显示，4条阳性河道香农多样性指数大小顺序为：九山外河（0.87）>山下河（0.86）>工业河（0.52）>桃浦河（0）。

（4）在温州的河道（山下河）中发现有白纹伊蚊和褐尾库蚊，该研究结果在国内外属于首次报道。

（5）河道中蚊虫的数量与水质（TN、TP、DO、WT）有关，但不是唯一的影响因素。血源、天敌、气象等因素均可影响河道中蚊虫的孳生。

参考文献

Basu B, Pick F. Phytoplankton and zooplankton development in a lowland, temperate river [J]. J Plankton Res, 1997, 19: 237-253.

Bayoh M N, Lindsay S W. Effect of temperature on the development of the aquatic stages of Anopheles gambiae sensu stricto (Diptera: Culicidae) [J]. Bulletin of Entomological Research, 2003, 93(5): 375-381.

Beaver J R, Crisman T L. Analysis of the community structure of planktonic ciliated protozoa relative to trophic state in Florida lakes [J]. Hydrobiologia, 1989, 174: 177-184.

Becker N, Petric D, Zgomba M, et al. Mosquitoes and Their Control (Eds.) [M], Kluwer Academic/Plenum Publishers, New York, 2010, p.28-31

Becker N. Influence of climate change on mosquito development and mosquito-borne diseases in Europe [J]. Parasitology Research, 2008, 103(S1):19-28.

Becker N. Life strategies of mosquitoes as an adaptation to their habitats [J]. Bulletin of the Society of Vector Ecologists, 1989, 14:6-25.

Bonizzoni M, Gasperi G, Chen X, et al. The invasive mosquito species Aedes albopictus: current knowledge and future perspectives [J]. Trends in Parasitology, 2013, 29(9):460-468.

Calhoun L, Avery M L, Gunarto K, et al. Combined Sewage Overflows (CSO) Are Major Urban Breeding Sites for Culex quinquefasciatus in Atlanta, Georgia.[J]. American Journal of Tropical Medicine & Hygiene, 2007, 77(3):478-484.

Chaves L F, Keogh C L, Vazquezprokopec G M, et al. Combined Sewage Overflow Enhances Oviposition of Culex quinquefasciatus (Diptera: Culicidae) in Urban Areas[J]. Journal of Medical Entomology, 2009, 46(2):220-226.

Dada N, Vannavong N, Seidu R, et al. Relationship between Aedes aegypti production and occurrence of Escherichia coli in domestic water storage containers in rural and sub-urban villages in Thailand and Laos[J]. Acta Tropica, 2013, 126(3):177-185.

Dieng H, Rahman G M S, Hassan A A, et al. The effects of simulated rainfall on immature population dynamics of Aedes albopictus and female oviposition [J]. International Journal of Biometeorology, 2011, 56(1):113-20.

Dufourd C, Dumont Y. Impact of environmental factors on mosquito dispersal in the prospect of sterile insect technique control [J]. Computers & Mathematics with

Applications, 2013, 66(9): 1695-1715.

Farjana T, Tuno N, Higa Y. Effects of temperature and diet on development and interspecies competition in Aedes aegypti and Aedes albopictus [J]. Medical & Veterinary Entomology, 2012, 26(26):210-7.

Fischer D, Thomas S M, Niemitz F, et al. Projection of climatic suitability for Aedes albopictus Skuse (Culicidae) in Europe under climate change conditions [J]. Global & Planetary Change, 2011, 78(s1-2):54-64.

Giovanni Rezza. Aedes albopictus and the reemergence of Dengue [J]. BMC Public Health, 2012 12:72.

Hemme R R, Thomas C L, Chadee D D, et al. Influence of Urban Landscapes on Population Dynamics in a Short-Distance Migrant Mosquito: Evidence for the Dengue Vector Aedes aegypti [J]. Plos Neglected Tropical Diseases, 2010, 4(3): e634.

Hunter P R, Gaston M A. Numerical index of the discriminatory ability of typing systems: an application of Simpson' s index of diversity [J]. Journal of Clinical Microbiology, 1988, 26(11): 2465-2466.

Imbahale S S, Paaijmans K P, Mukabana W R, et al. A longitudinal study on Anopheles mosquito larval abundance in distinct geographical and environmental settings in western Kenya [J]. Malar. J, 2011, 10: 1-13

Jian Y, Silvestri S, Belluco E, et al. Environmental forcing and density-dependent controls of Culex pipiens abundance in a temperate climate (Northeastern Italy)[J]. Ecological Modelling, 2014, 272:301-310.

Kumar R, Hwang J S. Larvicidal efficiency of aquatic predators: A perspective for mosquito biocontrol [J]. Zoological Studies, 2006, 45(4):447-466.

Kweka E J, Munga S, Himeidan Y, et al. Assessment of mosquito larval productivity among different land use types for targeted malaria vector control in the western Kenya highlands [J]. Parasites & Vectors, 2015, 8(1):1-8.

Louis C G, Manpionona R, Sebastien B, et al. Abiotic and biotic factors associated with the presence of Anopheles arabiensis immatures and their abundance in naturally occurring and man-made aquatic habitats [J]. Parasites & Vectors, 2012, 5: 96-107

Madon M B, Mulla M S, Shaw M W, et al. Introduction of Aedes albopictus (Skuse) in southern California and potential for its establishment [J]. Journal of Vector Ecology, 2002, 27(1):149-54.

Mitsch W J. Wetland creation, restoration, and conservation: A Wetland Invitational at the Olentangy River Wetland Research Park [J]. Ecological Engineering,

2005, 24(4):243-251.

Mohammed A, Chadee D D. Effects of different temperature regimens on the development of Aedes aegypti (L.) (Diptera: Culicidae) mosquitoes [J]. Acta Tropica, 2011, 119(1):38-43.

Morandi B, Piégay H, Lamouroux N, et al. How is success or failure in river restoration projects evaluated? Feedback from French restoration projects [J]. Journal of Environmental Management, 2014, 137: 178-188.

Muller G. Index of Geo-accumulation in Sediments of the Rhine River [J]. Geo-journal, 1969, 2(3): 108-118.

Murphy T P, Lawson A, Kumagai M, et al. Review of emerging issue in sediment treatment [J]. Aqauatic Ecosystem Health and Management, 1999, 2:419-434.

Mwangangi J M, Midega J, Kahindi S, et al. Mosquito species abundance and diversity in Malindi, Kenya and their potential implication in pathogen transmission. [J]. Parasitology Research, 2012, 110(1): 61-71.

Olson S H, Ronald G, Eric E, et al. Links between climate, malaria, and wetlands in the Amazon Basin.[J]. Emerging Infectious Diseases, 2009, 15(4): 659-62.

Ool T T, Storch V, Becker N. Review of the anopheline mosquitoes of Myanmar [J]. Journal of Vector Ecology Journal of the Society for Vector Ecology, 2004, 29(1):21-40.

Paaijmans K P, Wandago M O, Githeko A K, et al. Unexpected high losses of Anopheles gambiae larvae due to rainfall [J]. Plos One, 2007, 2(11): e1146.

Palma P, Ledoa L, Soares S, et al. Spatial and temporal variability of the water and sediment quality in the Alqueva reservoir (Guadiana Basin; southern Portugal) [J]. Sci Total Environ, 2014,470-471: 780-790.

Rattanarithikul R, Harrison H B A, Panthusiri P. Illustrated keys to the mosquitoes of thailand vi. tribe aedini [J]. Southeast Asian Journal of Tropical Medicine & Public Health, 2010, 41(1): 1-70.

Reichard M, Watters B R, Wildekamp R H, et al. Potential negative impacts and low effectiveness in the use of African annual killifish in the biocontrol of aquatic mosquito larvae in temporary water bodies [J]. Parasites & Vectors, 2010, 3(1):1-6.

Reiskind M H, Wilson M L. Interspecific Competition Between Larval Culex restuans Theobald and Culex pipiens L.(Diptera: Culicidae) in Michigan[J]. Journal of Medical Entomology, 2009, 45(1):20-27(8).

Rydzanicz K, Lonc E. Species composition and seasonal dynamics of mosquito larvae in the Wrocław, Poland area [J]. Journal of Vector Ecology, 2003, 28(2):255-66.

Savage H, Miller B. House mosquitoes of the U.S.A., Culex pipiens complex [J]. Wing Beats. 1995, 6: 8-9.

Schaffner F, Medlock J M, Van B W. Public health significance of invasive mosquitoes in Europe [J]. Clinical Microbiology Infection, 2013, 19(8): 685-692.

Shaalan E A S, Canyon D V. Aquatic insect predators and mosquito control [J]. Trop Biomed. 2009, 26(3): 223-261.

Sharma B, Ahlert R C. Nitrification and nitrogen removal [J]. Wat.Res., 1977, 11:897-925.

Silver J B. Sampling the Larval Population, Mosquito Ecology: Field Sampling Methods, 3rd ed [M]. The Netherlands, Springer, Dordrecht, 2008, pp. 137-338.

Thomton K W，Kimmel B L，Payne E E. Reservoir limnology：ecological perspection [M]. New York：John Wiley & Sons, 1990, 246.

Tiina N. Zooplankton-plankton interaction in lakes Vortsjarv, Peipsi and Yaskha [J]. Hydrobioligia, 1997, (342-343): 175-184.

Tun-Lin W, Burkot T R, Kay B H. Effects of temperature and larval diet on development rates and survival of the dengue vector Aedes aegypti in north Queensland, Australia [J]. Medical & Veterinary Entomology, 2000, 14(1):31-7.

Walsh A S, Glass G E, Lesser C R, et al. Predicting seasonal abundance of mosquitoes based on off-season meteorological conditions [J]. Environmental & Ecological Statistics, 2008, 15(3):279-291.

Walton W E, Popko D A, Dam A R V, et al. Width of planting beds for emergent vegetation influences mosquito production from a constructed wetland in California (USA) [J]. Ecological Engineering, 2012, 42(3):150-159.

Wolfram S, Chris J. Modelling the outflow from a porous pavement [J]. Urban water, 2002, 4:245-253.

Xu G, Dong H, Shi N, et al. An outbreak of dengue virus serotype 1 infection in Cixi, Ningbo, People' s Republic of China, 2004, associated with a traveler from Thailand and high density of Aedes albopictus [J]. American Journal of Tropical Medicine & Hygiene, 2007, 76(6):1182-8.

Yadav P, Foster W A, Mitsch W J, et al. Factors affecting mosquito populations in created wetlands in urban landscapes [J]. Urban Ecosystems, 2012, 15(2):499-511.

Yahouédo G A, Djogbénou L, Saïzonou J, et al. Effect of three larval diets on larval development and male sexual performance of Anopheles gambiae s.s.[J]. Acta

Tropica, 2014, 132(4):S96-S101.

Yee D A, Kneitel J M, Juliano S A. Environmental Correlates of Abundances of Mosquito Species and Stages in Discarded Vehicle Tires [J]. Journal of Medical Entomology, 2010, 47(1):53-62(10).

蔡惠凤，陆开宏，金春华，等. 养殖池塘污染底泥生物修复的室内比较实验[J]. 中国水产科学，2006，13（1）：140-145.

曹承进，秦延文，郑丙辉，等. 三峡水库主要入库河流磷营养盐特征及其来源分析[J]. 环境科学，2008b，29（2）：310-315.

曹承进，郑丙辉，张佳磊，等. 三峡水库支流大宁河冬、春季水华调查研究[J]. 环境科学，2008a，30（12）：3071-3079.

曹承进. 城市黑臭河道治理共性技术及次生富营养化研究[D]. 上海：华东师范大学，2011.

曹敏，何宇平，李平，等. 浦东国际机场致倦库蚊和淡色库蚊的调查研究[J]. 中国媒介生物学及控制杂志，2011，22（01）：62-64.

曾思育，董欣. 城市降雨径流污染控制技术的发展与实践[J]. 给水排水，2015，41（10）：1-3.

陈皑. 上海市主要景观水体浮游动物群落特征及水质评价[D]. 上海：上海师范大学，2015.

陈建军. 北京城市湖泊富营养化及其原位修复初步研究[D]. 上海：华东师范大学，2011.

陈金霞，徐亚同. 微生物在苏州河生态系统中的地位及作用[J]. 环境污染治理技术与设备，2002，3（7）：70-74.

陈静，蒋万祥，王洪凯. 微山湖典型水域营养盐分布及富营养化评价[J]. 中国农学通报，2011，27（3）：421-424.

陈立婧，景钰湘，吴艳芳，等. 人工滩涂湖泊滴水湖浮游藻类群落特征[J]. 水生态学杂志，2012，31（7）：1771-1779.

陈振楼，毕春娟，王东启，等. 城市降雨径流污染与河岸带生态阻控机制研究[M]. 北京：科学出版社，2014a.

陈振楼，王军，黄民生，等. 城市河流污染治理共性技术集成与服务信息系统构建[M]. 北京：科学出版社，2014b.

程婧蕾，王丽卿，季高华，等. 上海市10个城市公园景观水体富营养化评价[J]. 上海海洋大学学报，2009，18（4）：435-442.

程咏，陈超，钱天鸣. 杭州西湖水体生态环境参数的相互关系[J].中国环境监测，2002，18（3）：41-44.

丁静雯，王云. 上海综合性公园水景规模调查研究[J]. 上海交通大学学报：农业科学版，2013，31（3）：29-33.

丁静雯. 上海城市综合性公园水体形态与水景特征研究 [D]. 上海：上海交通大学，2013.

董亮. GIS支持下西湖流域水环境非点源污染研究[D]. 杭州：浙江大学，2001.

古滨河. 美国Apopka 湖的富营养化及其生态恢复[J]. 湖泊科学，2005，17（1）：1-8.

顾君，郑祥民，周立旻，等. 温瑞塘河温州市区典型河段底泥重金属污染特征[J]. 城市环境与城市生态，2012，25（1）：31-34.

郭如美，刘汉湖，周立刚，等. 潜流式人工湿地微生物群落结构及脱氮效果的研究[J]. 江苏环境科技，2006，19（5）：14-16.

郭为禄. 我的丽娃河[M]. 上海：华东师范大学出版社，2001.

国家环境保护总局《水和废水监测分析方法》编委会. 水和废水监测分析方法[M]. 中国环境出版社，2002.

汉京超. 城市雨水径流污染特征及排水系统模拟优化研究[D]. 上海：复旦大学，2013.

何玮，薛俊增，方伟，等. 滩涂围垦湖泊滴水湖水质现状分析[J]. 科技通报，2010，26（6）：869-874.

胡伟. 四条城市河道水质现状和沉积物腐殖质组分分布特征及其对比分析研究[D]. 上海：华东师范大学，2014.

胡晓镭，吴红斌，许青青. 基于环境容量的温瑞塘河的综合治理[J]. 华北水利水电学院学报，2008，29（3）：77-79.

华东师范大学，上海申耀环保实业有限公司. 滴水湖引水河水质净化设计方案 [R]. 上海：上海市临港新城工程项目，2006，2.

华东师范大学. 滴水湖集水区非点源污染类型及时空格局分析与模拟[R]. 上海：临港新城环湖绿带生态优化关键技术研究与示范：第一专题，2011，4.

华东师范大学环境科学系. 丽娃河、赤水河基本情况调查与环境背景分析报告[R]. 2003.

黄昌发. 上海市城郊结合部河道水环境研究和整治对策[D]. 上海：华东师范大学，2001.

黄建军. 城市河道底泥营养盐释放及化学修复研究[D]. 天津：天津大学，2009.

黄民生，曹承进. 城市河道污染控制、水质改善与生态修复[J]. 建设科技，

2011，（19）：43-45.

黄民生，陈振楼. 城市内河污染治理与生态修复—理论、方法与实践[M]. 北京：科学出版社，2010.

黄民生. 中心城区富营养化水体生态环境问题分析与治理工程简介[C]. 宜昌：中国水环境污染控制欲生态修复高级研讨会，2005.

黄之宏. 九山外河治理显成效，治河不在一时 更在长久[N/OL]. 温州网-温州日报，2013.8.15 http://news.66wz.com/system/2013/08/15/103768961.shtml.

霍元子，何文辉，罗坤，等. 大型溞引导的沉水植被生态修复对滴水湖水质的净化效果[J]. 应用生态学报，2010，21（2）：495-499.

江敏，刘金金，卢柳，等. 灰色聚类法综合评价滴水湖水系环境质量[J]. 生态环境学报，2012，21（2）：346-352.

金承翔. 新型填料生物栅系统的构建与试验研究[D]. 上海：华东师范大学，2006.

金相灿，荆一风. 湖泊底泥疏浚工程技术[J]. 环境科学学报，1999，12（5）：9-12.

金相灿.中国湖泊环境（第二册）[M]. 北京：海洋出版社，1995.

荆红卫，华蕾，孙成华，等.北京城市湖泊富营养化评价与分析[J]. 湖泊科学. 2008，20（3）：357-363.

荆治严. 城市重污染河流污染特征与生态修复技术的研究[J]. 环境保护科学，2012，38（2）：16-19.

景钰湘. 上海滴水湖浮游藻类群落结构特征及水质评价[D]. 上海：上海海洋大学，2012.

来彦伟. 苏州河底泥污染状况及其治理对策[J]. 上海师范大学学报，2000，29（2）：85-92.

李国新，颜昌宙，李庆召. 污水回用技术进展及发展趋势[J]. 环境科学与技术，2009，32（1）：79-83.

李静文，施文，余丽凡，等. 丽娃河受损退化生态系统的近自然恢复工程及效果分析[J]. 华东师范大学学报（自然科学版），2010，4：35-44.

李菊林，朱国鼎，周华云，等. 不同温度下白纹伊蚊发育情况的观察[J]. 中国血吸虫病防治杂志，2015，27（1）：59-61.

李修岭，李伟，李夜光. 几种植物去除高度富营养化湖水中氮磷及抑藻效果的初步研究[J].武汉植物学研究，2005，23（1）：53-57.

李振高，俞慎，吴胜春.不同氮肥对水稻根圈微生物生物硝化-反硝化细菌的影响[J]. 土壤，2003，35（6）：490-494.

李志洪，李文超，何岩，等. 滴水湖底泥内源营养盐释放行为与曝气运行模式的关系[J]. 环境污染与防治，2014，36（10）：18-22.

廖振良，徐祖信，高廷耀. 苏州河环境综合整治一期工程水质模型分析[J]. 同济大学学报（自然科学版），2004，32（4）：409-502.

林莉峰，李田，李贺. 上海市城区非渗透性地面径流的污染特性研究[J]. 环境科学，2007，28（7）：1430-1434.

刘凤梅，甄天民，胡玉祥，等. 温度对蚊虫发育历期的影响及与疾病的关系[J]. 中国媒介生物学及控制杂志，1998，9（3）：185-187.

刘丽娟，童晓立. 食蚊鱼对水生昆虫的捕食选择性研究[J]. 华南农业大学学报，2012，33（1）：44-47.

刘善文. 城市河道水环境与蚊虫孳生耦合关系分析[D]. 上海：华东师范大学，2014.

刘素芳. 龙泓涧流域景观特征及其水环境质量研究[D]. 上海：华东师范大学，2015.

刘晓海，高云涛，陈建国，等. 人工曝气技术在河道污染治理中的应用[J]. 云南环境科学，2006，25（1）：44-46.

刘言正，张小龙，何腾，等.生态修复技术在杭州龙泓涧综合治理中的应用[J].中国给水排水，2015，22：105-108.

刘永兵，贾斌，李翔，等. 海南省南渡江新坡河塘底泥养分状况及重金属污染评价[J]. 农业工程学报，2013，29（3）：213-225.

刘振宇，徐建平. "十一五"期间滴水湖富营养化评价[J]. 环境科学与管理，2012，37（4）：169-172.

柳惠青. 湖泊污染内源治理中的环保疏浚[J]. 水运工程，2000，322（11）：21-27.

陆宝麟. 50年来我国蚊媒研究进展[J]. 中国媒介生物学及控制杂志，1999，10（3）：161-166.

罗玉兰. 城市内河沉积物营养盐污染特性及释放规律研究[D]. 南京：河海大学，2007.

吕永鹏，杨凯，车越，等. 上海滴水湖集水区非点源污染物输移通量的时空分布特征[J]. 华东师范大学学报（自然科学版），2012，6：1-12.

马明海，黄民生，胡伟，等. 上海市6条中小河道水质月动态评价及解析[J]. 华东师范大学学报（自然科学版），2015a，2：21-29.

马明海，张博，黄民生，等. 上海市地理景观对夏季蚊虫孳生的影响[J]. 华东师范大学学报（自然科学版），2015b，2：30-39.

毛威敏. 城市中小河道截污主要方式和工程实例[J]. 中国市政工程，2009，6:45-47.

蒙仁宪，刘贞秋. 以浮游植物评价巢湖水质污染及富营养化[J]. 水生生物学报，1988，12（1）：14-26.

牟春友，徐坤. 在评价微污染水体中均值污染指数评价方法和活性污染指数评价方法的比较[J].中国环境监测，2009，25（3）：104-106.

裴福全，张贤昌，马文军. 气候变化对疟疾影响的研究进展[J]. 国际医学寄生虫病杂志，2011，38（5）：300-304.

裴红艳. 上海城区公园水体浮游植物多样性及水质状况的评价研究[D]. 上海：上海师范大学，2006.

钱嫦萍，陈振楼，王军. 温州市九山外河污染治理技术集成应用与治理成效[J]. 城市环境与城市生态，2013，26（6）：29-32.

钱嫦萍. 温州市九山外河污染治理技术集成应用与治理成效[D]. 上海：华东师范大学，2013.

秦伯强，杨柳燕，陈非洲，等. 湖泊富营养化发生机制与控制技术及其应用[J]. 科学通报，2006，51（16）：1857-1866.

任延丽，靖元孝. 反硝化细菌在污水处理作用中的研究[J]. 微生物学杂志，2005，25（2）：88-92.

阮仁良，黄长缨. 苏州河水质黑臭评价方法和标准的探讨[J]. 上海水务，2002，18（3）：32-36.

阮仁良，唐建国，杨立新. 黑臭河道治理中截污纳管的技术思路[J]. 上海水务，2008，24（9）：1-2.

上海港城滴水湖建设管理有限公司，华东师范大学. 滴水湖底泥污染特征与底泥原位生态修复技术研究[R]. 上海：上海市社会发展重点项目，2014，9.

上海港城生态园林有限公司. 船舶航运对滴水湖生态环境影响的研究报告[C]. 2015，5.

沈叔云，何岩，黄民生，等. 曝气扰动对泥水界面硝化-反硝化性能的影响[J]. 环境工程学报，2014，8（10）：4453-4458.

史家樑，徐亚同，张圣章. 环境微生物学[M]. 上海：华东师范大学出版社，1999.

宋辞，于洪贤. 镜泊湖浮游生物多样性分析及水质评价[J]. 东北林业大学学报，2009，37（4）：40-42.

孙远军. 城市河流底泥污染与原位稳定化研究[D]. 西安：西安建筑科技大学，2009.

童琰，徐春燕，胡雪芹，等. 滴水湖引水河段组合型生态工程春季对水体净化效果研究[J]. 上海海洋大学学报，2011，20（6）：930-937.

土壤微生物研究会. 土壤微生物试验法[M]. 北京:科学出版社，1983.

万旭东. 一体式A/O膜生物反应器处理城市生活污水的试验研究[D]. 郑州：郑州大学，2014.

汪立祥，张慧冲，方建新，等. 黟县宏村水系浮游植物调查和水质评价[J]. 生物学杂志，2005，22（3）：30-32.

汪庆华，董岩翔，郑文，等. 浙江土壤地球化学基准值与环境背景值[J]. 地质通报，2007，26（5）：595-596.

汪松年. 上海市景观水体水质的调研[J]. 上海水务，2004，20（3）：1-2.

王国祥，濮培民，张圣照，等.人工复合生态净化系统对太湖局部水域水质的净化作用[J]. 中国环境科学，1998，18（5）：410-414.

王伟明，李菊林，周华云，等. 不同温度条件对中华按蚊发育的影响[J]. 中国血吸虫病防治杂志，2010，22（3）：260-263.

温州市温瑞塘河管委会. 温州市城市污水专项规划（1、2、3）[R]. 2008a.

温州市温瑞塘河管委会. 温州市区生态环境功能区规划[R]. 2008b.

温州市温瑞塘河管委会. 温州市温瑞塘河现有调水工程上游河段控沙方案研究[R].2008c.

文波. 城市河流沉积物AVS与SEMHg的研究[D]. 上海：华东师范大学，2015.

吴从林. 地表雨水径流对上海海港新城滴水湖水质的影响分析[J]. 水利水电快报，2006，27（24）：89-95.

吴峰. 关于控源截污工程的后思考[J]. 中国给水排水，2015，31（6）：22-25.

吴洁，钱天鸣，虞左明. 西湖叶绿素a周年动态变化及藻类增长潜力试验[J]. 湖泊科学，2001，13（2）：143-148.

吴林林. 黑臭河道净化试验研究及综合治理工程应用[D]. 上海：华东师范大学，2007.

吴永红，方涛，丘昌强. 藻-菌生物膜法改善富营养化水体水质的效果[J]. 环境科学，2005，26（1）：84-89.

伍斌.银锄湖上，实景红楼，苏州河岸，一园十馆，[N].解放日报，2009-10-1（004）.

徐承龙，姜志宽. 蚊虫防制（二）—蚊虫的生态习性与常见种类[J]. 中华卫生杀虫药械，2006b，12（5）：403-407.

徐承龙，姜志宽. 蚊虫防制（一）—蚊虫的危害与形态分类[J]. 中华卫生杀虫药械，2006a，12（4）：289-293.

徐丹亭. 杭州西湖入湖溪流水质变化及原位监测研究[D]. 杭州：浙江大

学，2013.

徐竞成，王宇，傅婷，等. 大气干湿沉降对城市景观水体水质影响的评价
[J]. 四川环境，2011，30（3）：49-5.

徐续，曹家顺. 河道曝气技术在苏州地区河流污染治理中的应用[J]. 水资源
保护，2006，22（1）：30-33.

许木启，朱江，曹宏. 白洋淀原生动物群落多样性变化与水质关系研究[J].
生态学报，2001，21（7）：1114-1120.

许夏玲. 滴水湖浮游植物群落结构及其与环境因子关系的研究[D]. 上海：
上海师范大学，2008.

杨红军，张惠玲，申哲民. 上海市主要园林景观水体富营养化调查与评价
[J]. 中国环境管理干部学院学报，2005，15（4）：50-52.

杨柳，马克明，郭青海，等. 城市化对水体非点源污染的影响[J]. 环境科
学，2004，25（6）：32-39.

杨威，邓道贵，张赛，等. 洱海叶绿素a浓度的季节动态和空间分布[J]. 湖
泊科学，2012，24（6）：858-864.

叶公健，王贵生. 苏州市中心城区完善污水管网工程总结[J]. 中国给水排
水，2006，22（14）：26-28.

应瑛，寿涌毅，吴晓波. 城市管理公众满意度指数模型实证分析[J]. 城市发
展研究，2009，16（1）：102-119.

余定坤. 典型城市黑臭河道温州市山下河治理前后水环境质量评价研究
[D]. 上海：华东师范大学，2013.

张丹. 不同水质类别城市河道浮游生物群落结构分析及其多样性的研究
[D]. 上海：华东师范大学，2011.

张海春，胡雄星，韩中豪. 黄浦江水系水质变化及原因分析[J]. 中国环境监
测，2013，29（4）：55-59.

张善发，李田，高廷耀. 上海市地表径流污染负荷研究[J]. 中国给水排水，
2006，22（21）：57-60.

张卫东. 城市河道污染控制与水质优化研究[D]. 扬州：扬州大学，2007.

张艳艳，魏金豹，黄民生，等. 环境因子对滴水湖浮游植物生长的影响分析
[J]. 华东师范大学学报（自然科学版），2015，2：48-57.

张以晖. 黄浦江河岸带土地利用变迁及其水质响应关系研究[D]. 上海：华
东师范大学，2015.

张永生，李海英，任家盈，等. 三峡库区大宁河沉积物营养盐时空分布及其
与叶绿素的相关性分析[J]. 环境科学，2015，36（11）：4021-4032.

张舟，邹家唱，朱韬，等．河流滨岸带坡面对降雨径流的污染削减效应–以上海市樱桃河为例[J]．水资源保护，2012，28（4）：50-54．

章非娟．生物脱氮技术[M]．北京:中国环境科学出版社，1992．

章宗涉，莫珠成，戎克文，等．用藻类监测和评价图们江的水污染[J]．水生生物学集刊，1983，8（1）：97-104．

赵丰．水培植物净化城市黑臭河水的效果、机理分析及示范工程[D].上海:华东师范大学，2013．

郑金秀，胡春华，彭祺，等．底泥生态疏浚研究概况[J]．环境科学与技术，2007，30（4）：111-114．

中国科学院南京土壤研究所．土壤理化分析[M]．上海：上海科学技术出版社，1978．

周婕成，史贵涛，陈振楼，等．上海大气氮湿沉降的污染特征[J]．环境污染与防治，2009，31（11）：30-34．

周晓梅．滴水湖及其外围水体浮游动物群落结构比较研究[D]．上海：上海师范大学，2010．

周新龙．综合水质指数法对滴水湖水质的评价[J]．净水技术，2012，31（2）：66-71．

周扬．滴水湖引水河水体生物修复技术研究[D]．上海：华东师范大学，2011．

周毅彬，冷培恩，曹辉，等．气温和降雨量对白纹伊蚊密度影响的研究[J]．中华卫生杀虫药械，2010，（2）：105-107．

朱健，李捍东，王平．环境因子对底泥释放COD、TN和TP的影响研究[J]．水处理技术，2009，35（8）：44-49．

朱为菊，王全喜．滴水湖浮游植物群落结构特征及对其水质评价[J]．上海师范大学学报（自然科学版），2011，40（4）：405-410．

祝龙彪，梁铁麟，冷培恩，等．有害生物防制员（中级）[M]．北京：中国劳动社会保障出版社，2006．

左晓俊，傅大放，李贺．降雨特性对路面初期径流污染沉降去除的影响[J]．中国环境科学，2010，30（1）：30-36．

附录1：地表水环境质量标准基本项目标准限值（节选）

序号	分类 标准值 项目	基本含义	I类	II类	III类	IV类	V类
1	水温（℃）	与季节变化及污染源有关。影响水体的DO和污染物的净化，也影响水生生物的生存和繁衍	人为造成的环境水温变化应控制在：周平均最大温升≤1 周平均最大温降≤				
2	pH值	与污染源及藻类孳生有关。影响污染物的净化，及水生生物的生存和繁衍	6~9				
3	溶解氧（DO, mg/L）≥	与季节变化、水动力条件、污染类型和程度、水生生物、人工曝气等有关。影响水生生物生存和繁衍，也影响污染物的净化。是反映水体黑臭的重要指标	饱和率90%（或7.5）	6	5	3	2
4	高锰酸盐指数（COD_{Mn}, mg/L）≤	主要反映水体的有机污染程度，常用于较清洁水体的水质监测和评价。与DO呈负相关	2	4	6	10	15
5	化学需氧量（COD_{Cr}, mg/L）≤	主要反映水体的有机污染程度。与DO呈负相关。是反映水体黑臭的重要指标	15	15	20	30	40
6	五日生化需氧量（BOD_5, mg/L）≤	有机污染物中可以被生化降解的部分，与污染源类型（生活污水、工业废水等）有关。反映水体黑臭的重要指标	3	3	4	6	10
7	氨氮（$NH_3\text{-}N$, mg/L）≤	是导致水体黑臭及富营养化的重要成分。与DO呈反比	0.15	0.5	1.0	1.5	2.0
8	总磷（TP, mg/L）≤	是导致水体富营养化的重要指标	0.02（湖、库0.01）	0.1（湖、库0.025）	0.2（湖、库0.05）	0.3（湖、库0.1）	0.4（湖、库0.2）
9	总氮（TN, mg/L，湖、库）≤	是导致水体富营养化的重要指标。氨氮/总氮的比值与DO呈反比	0.2	0.5	1.0	1.5	2.0
10	粪大肠菌群（E.Coli, 个/L）≤	是反映受粪便污染的重要指标	200	2000	10000	20000	40000

附录2：城市水体环境原位治理与修复技术检索表

技术名称、简介及分类			技术特点及适用场景
名称	简介	分类	
疏浚	减少或清除底泥的现存量，降低水体内源负荷及其对上覆水的污染，增加水体环境容量	带水疏浚	抓斗式挖泥船、铲斗式挖泥船、链斗式挖泥船、泵吸式挖泥船等。不仅可以疏浚底泥，而且可以清除垃圾。抓斗式挖泥船、铲斗式挖泥船、链斗式挖泥船在疏浚过程中易于搅动底泥造成二次污染，泵吸式挖泥船通过加装帷幕或防护罩等控制底泥的扩散。常用于较大规模水体的疏浚
		干床冲挖	由冲水枪、吸泥泵及管道等组成，疏浚较彻底且二次污染少，但不能清除河床垃圾。适合于桥涵较多、规模较小的河道疏浚
曝气	缺氧是水体污染的特征表现，溶解氧含量随水深增加而降低。曝气的主要功能是增氧或供氧，起到激活水体中微生物增殖及对污染物的净化等作用。足够高的溶解氧含量才能保障水体中高等生物的生存和繁衍	转刷曝气	构造简单、价格低廉。适合于中小型水体增氧。需要供电线缆。转刷易被垃圾缠绕并造成故障停机
		射流曝气	构造较简单、价格较低廉。适合于中小型水体增氧。需要供电线缆。进水口易被垃圾堵塞并造成故障停机
		鼓风曝气	由鼓风机和空气输送及扩散系统等组成，构造复杂、价格较高、噪音较大，但增氧量大。需要供电线缆。用于特殊要求的水体增氧
		纯氧曝气	由纯氧储存设备和氧气输送及扩散系统组成，构造复杂、价格较高，有一定的安全隐患，但增氧快速快、效果好。需要供电线缆。用于特殊要求的水体增氧
		太阳能曝气	使用清洁能源，无需供电及其配套的供电线缆。适合于光照充足地区的小型水体增氧。但硅晶板面积较大，遇大风大浪时容易倾翻。如设施过多，则影响水面观感，且妨碍其他治理单元（生态浮床、沉水植物等）的实施
		跌水曝气	跌水坝或跌水堰等水工设施，常用于有一定坡度（落差）的河道增氧。对于平原河网地区，可修建橡胶坝形成水位落差，具有一定的增氧效果

续表

技术名称、简介及分类			技术特点及适用场景
名称	简介	分类	
湿地	具有沉淀、过滤、吸附、吸收、降解等多种物化和生物处理功能。构造简单、费用较低，与自然环境的相容性好。常用于水体滨岸带，起到截留和净化污染物以及修复水体生态等作用	表流湿地	构造简单、造价低廉，不易堵塞，但保温性和净化效果较差。适合于一般要求的水体。常置于潜流湿地之前
		潜流湿地	构造较简单、造价较低廉，较易堵塞，保温性和净化效果较好。适合于对水质净化有较特殊要求的水体。常置于表流湿地之后
		垂直流湿地	构造较复杂、造价较高，易于堵塞，保温性和净化效果好。适合于对水质净化有较特殊要求的水体。常置于表流湿地之后
浮床	又称为浮岛。由浮体及其承载的生物或基质组成。常用于水体的水质净化以及生态修复，起到澄清水质、净化污染物、增加生物多样性等作用，也有一定的消浪效果。与自然环境的相容性较好	框架式浮床	框架不仅能保证浮床的结构稳定性，而且还能提供一定的浮力。框架与其他材料（植物、仿生水草、基垫等）共同构建形成浮床系统。PVC塑料管和毛竹等均可作为浮床框架材料。适合于所有水体
		板式浮床	使用塑料板（聚乙烯或聚氨酯等）作为浮床结构主体和浮体，塑料板与其他材料（植物、仿生水草、基垫等）共同构建形成浮床系统。适合于所有水体
加药	效果好，但费用高。存在二次污染和生态风险的可能性	混凝沉淀类	碱式氯化铝，聚合硫酸铁，明矾，聚丙烯酰胺等。常用于水体突发性污染的应急治理
		吸附类	活性炭，泥炭，风化煤，沸石，氧化铝，硅藻土等。常用于水体突发性污染的应急治理
		氧化类	二氧化氯，硝酸钙，等。常用于水体突发性污染的应急治理
		杀藻类	二氧化氯，硫酸铜，等。常用于水体突发性污染的应急治理
		除磷类	无常规的无机铁盐、铝盐、钙盐等都具有良好的除磷作用。常用于水体突发性污染的应急治理
投菌	效果好，但费用高。存在二次污染和生态风险的可能性	除有机物类	污水厂的活性污泥（价廉质优）光合细菌等。常用于水体突发性污染的应急治理
		除氨氮类	污水厂的活性污泥（价廉质优），硝化细菌，厌氧氨氧化菌，等。常用于水体突发性污染的应急治理
		除硫化物类	污水厂的活性污泥（价廉质优），氧化细菌类，等。常用于水体突发性污染的应急治理

附录3："六河"、"二湖"水体环境及其治理对比表

		丽娃河	工业河	樱桃河	龙泓涧	九山外河	山下河	滴水湖	银锄湖
区域自然地理与社会经济特征		东部沿海城市，中心城区，大学校园，平原河网的支流河道	东部沿海城市，中心城区，老旧工业与居住的混杂区，平原河网的支流河道	东部沿海城市，郊区，大学校园与高新产业园的混杂区，平原河网的支流河道	东部沿海城市，中心城区，风景名胜区，山区入湖溪流	东南部沿海城市，中心城区，办公、居住与公园的混合区，平原河网的支流河道	东南部沿海城市，中心城区，城中村与办公的混合区，平原河网的支流河道	东部沿海城市，郊区，港口新城，大型人工化湖泊	东部沿海城市，中心城区，中小型人工化湖泊，公园内湖
水体功能		景观、环境、水利	景观、环境、水利	景观、环境、水利	景观、环境、水利	景观、环境、水利	景观、环境、水利	景观、环境、水利	景观、环境、水利
水体水文条件	基本水文条件	长706m，宽34m，深1.7m，面积23533m^2，槽蓄量39756m^3	长864m，宽10m，深1.2m，面积10368m^2，槽蓄量15271m^3	宽15m，深1.3m	主/支流长2.8km/1.4km，深1m/1.2m，面积27 876m^2/24238m^2	长1 750m，宽13m，深1.3m，面积31200m^2	长2 154m，宽14m，深1.4m，面积19400m^2	直径2660m，深3.7m，面积5.56 km^2，蓄水量1620万m^3	宽300m，深1.46m，面积90500m^2
	水源	雨水	雨水+少量桃浦河水	雨水+黄浦江水	雨水+泉水+西湖逆向调水	雨水+水心河水	雨水+横浃河水	雨水	雨水
	交换	非汛期无交换，汛期外排	与桃浦河有一定交换	与黄浦江有较多交换	旱期与西湖水交换	雨期和调水期与水心河及勤奋河有一定交换	雨期和调水期与横浃河少量交换	非汛期无交换，汛期外排	非汛期无交换，汛期外排
	流速	静止	缓慢	降雨和涨落潮时较快	梯级塘以上，很快；梯级塘以下，较快	缓慢或静止	基本静止	基本静止	基本静止
	风浪	很小	很小	较大	较小	较小	较小	很大	一般
	潮汐影响	无	无	较大	无	较小	很小	很大	无
点源污染类型及污染特征		生活污水，漏排和雨污混接为主，治理后截污很彻底	工业废水、生活污水以及各种垃圾，直排为主，治理后截污不彻底	点源污染较少	截污较彻底，治理后尚有村落及旅游设施的少量生活污水漏排	生活污水，漏排和雨污混接为主，治理后截污较彻底。	生活污水和生活垃圾为主、产业污水为辅，直排、漏排和雨污混接为主，治理后截污不彻底	点源污染较少	点源污染较少

续表

		丽娃河	工业河	樱桃河	龙泓涧	九山外河	山下河	滴水湖	银锄湖
面源和内源污染类型及污染特征		地表径流、底泥，污染负荷较小	地表径流、底泥，污染负荷很高	地表径流、底泥，污染负荷较小	地表径流、底泥，污染负荷较小	地表径流、底泥，污染负荷较高	地表径流、底泥，污染负荷极高	地表径流、底泥，污染负荷很小	地表径流、底泥，污染负荷中等
水体生态环境特征	生态结构	较完整	崩溃	较完整	较完整	受损严重	崩溃	不完整	不完整
	水质特征	富营养化	严重黑臭	高浊度，富营养化	富营养化	黑臭+富营养化	严重黑臭	富营养化，高盐度	富营养化
	底质特征	水生植物为主	淤积严重，粪便和垃圾为主	淤积较少，泥沙为主	淤积较少，泥沙和枯枝落叶为主	淤积较严重，污水和垃圾的沉积为主、泥沙为辅	淤积严重，粪便和垃圾为主	淤积很少	淤积严重、污染程度较高
	水环境综合评价	清洁~轻污染，中营养	重污染~严重污染，中度富营养	轻污染，中营养	较好~轻污染，中营养~重度富营养	中污染，轻度富营养	重污染~严重污染，中度富营养	尚清洁，轻度富营养	轻污染，中度富营养
治理措施及存在问题	治理措施	截污、疏浚、护岸改建、曝气增氧、生态净化	截污、疏浚、曝气增氧、菌剂净化、生物栅和生态浮床	截污、疏浚、护岸改建、生态重建	生态溪床、径流处理、接触氧化、生态重建	截污、疏浚、曝气增氧、生态浮床净化、底质修复	截污、疏浚、曝气增氧、生态净化、底质修复	严控客水污染、环湖绿化、底泥修复、生物调控	无
	存在问题	水草清捞量大	截污不彻底，水质很差	水生植物生长较差	氮污染源的阻断和处理难度大	截污效果需进一步稳定和提高，面源污染的阻断和处理难度大	截污不彻底，水质较差	生态重建难度大	季节性藻华

附录4：城市水体环境及其治理：彩图集

彩图1.1　丽娃河丽虹桥

彩图1.2　治理前富营养化的丽娃河

彩图1.3　丽娃河底泥疏浚

彩图1.4　丽娃河生态护岸

彩图1.5　丽娃河亲水平台

彩图1.6　丽娃河生物栅池

彩图1.7　丽娃河表流湿地

彩图1.8　丽娃河沉水植物

彩图1.9　丽娃河挺水植物

彩图1.10　丽娃河浮叶植物

彩图2.1　工业河水车式增氧机的安装和运行

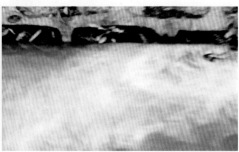

彩图2.2　工业河的工业废水排放

彩图2.3　工业河岸边生活污水直排

彩图2.4　工业河未及时清理的岸边垃圾

彩图2.5　工业河中的生活垃圾

彩图2.6　工业河第一次治理前（2005年）　　　彩图2.7　工业河第一次治理中（2006年）

彩图2.8　工业河底泥疏浚（2015年）

彩图2.9　工业河护岸建设（2015年）

彩图2.10　工业河污染源（里店铺的污水直
排，2016年）

彩图3.1　樱桃河中挖泥船

彩图3.2　樱桃河生态护岸

彩图3.3　樱桃河沉水植物

彩图3.4　樱桃河沉水植物收割

彩图4.1　龙泓涧龙池（主流源头）

彩图4.2　龙泓涧月桂峰（支流源头）

彩图4.3　龙泓涧主流梯级塘

彩图4.4　龙泓涧支流梯级塘

彩图4.5　龙泓涧西湖逆向调水

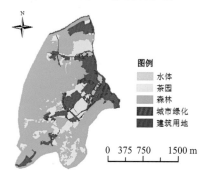

彩图4.6　龙泓涧流域景观类型图

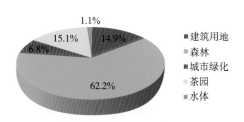

彩图4.7　龙泓涧流域景观类型百分比

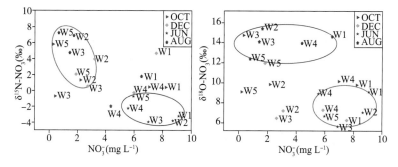

彩图4.8　龙泓涧主流和支流 δ^{15}N-NO$_3$ 和 δ^{18}O-NO$_3$ 的时空分布（占NO$_3$- N的%）

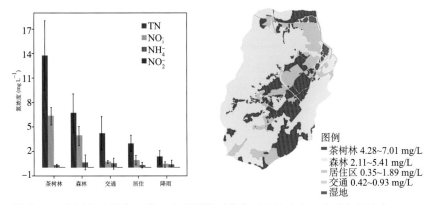

彩图4.9　龙泓涧流域内五种土地利用类型的降雨和径流中四种形态氮浓度

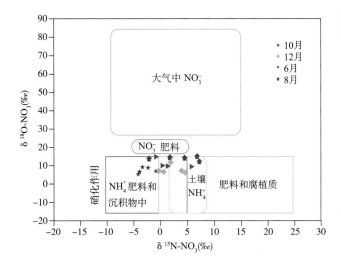

彩图4.10　龙泓涧流域硝氮的源解析：基于 δ^{15}N-NO$_3$ 和 δ^{18}O-NO$_3$的检测结果

彩图4.11　龙泓涧生态沟截留系统

彩图4.12　龙泓涧生物接触氧化系统　　　　彩图4.13　龙泓涧生态导流墙

彩图5.1　"牛奶河"—九山外河（2013年12月）

彩图5.2　九山外河固定式射流曝气

彩图5.3　九山外河浮床植物

彩图5.4　九山外河水生动物

彩图5.5　治理前（2005年）后（2013年）的九山外河

彩图6.1　"垃圾河"-山下河东段　　　　彩图6.2　山下河2010年采样

彩图6.3　山下河水生植物

彩图6.4　山下河治理前（2010-04）后（2013-08）比较

彩图6.5　山下河污水漏排

彩图6.6　山下河曝气设备故障

彩图7.1　滴水湖

彩图7.2　滴水湖湖心区

彩图7.3　滴水湖南岛

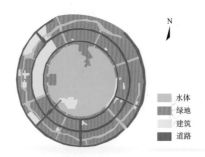

彩图7.4　滴水湖及其周边景观类型

彩图7.5　滴水湖A港

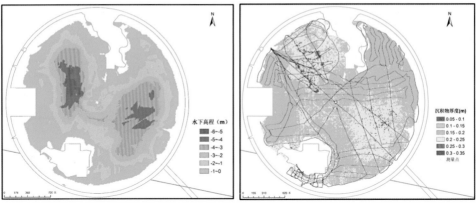

彩图7.6 滴水湖水下地形与底泥空间分布（2013年）

彩图7.7 滴水湖底泥原位修复示范工程的现场实施

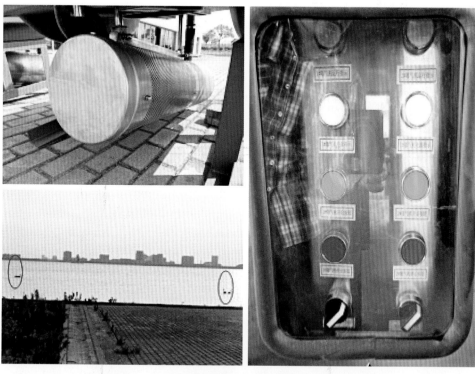

彩图7.7 滴水湖底泥原位修复示范工程的现场实施（续）

彩图8.1 银锄湖荷花池与水禽池

彩图8.2 银锄湖近岸边植物

彩图8.3　银锄湖湖边垃圾一角

彩图8.4　银锄湖垂钓区

彩图8.5　银锄湖藻华（2014-06）

彩图8.6　银锄湖游船

彩图9.1　河中鱼

彩图9.2　浮游动物

彩图9.3　真如港

彩图9.4　淡江河

彩图9.5　樱桃河

彩图9.6　丽娃河

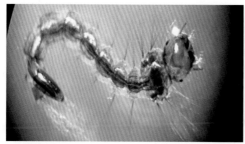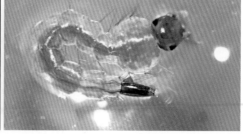

彩图9.7　食用单细胞藻前后的蚊幼

附录5：长三角城市水体环境治理中常用植物

植物名称	类型	适用区域	基本特点和习性	照片
红枫 (*Acerpalmatum Thunbf.*)	小乔木	岸带	类鸡爪状，树皮光滑，春、秋季叶红色，夏季叶紫红色，花期4~5月，果熟期10月。喜温、耐阴、耐寒，不耐水涝。常用于岸带绿化	
樟树 (*Cinnamomum camphora (L.) Presl.*)	大乔木	岸带	树冠广卵形，树高、面积大，深根性，花期4~6月，果期8~11月。喜光、稍耐荫，耐寒性、耐旱性弱。常用于岸带绿化	
榕树 (*Ficus microcarpa Linn. f.*)	大乔木	岸带	叶小而长，表面深绿色，有光泽，全缘，冠幅广展，花期5~6月。喜光喜温，不耐旱，不耐寒。常用于岸带绿化	
三叶树 (*Bellia Peyritsch*)	乔木	岸带	三叶齐生，树皮棕褐或黑褐色，长叶柄，叶片长圆卵形或椭圆状卵形，花期4~5月，果期10~11月。喜光稍耐荫，耐寒能力弱。常用于岸带绿化	
枫杨 (*Pterocary a stenoptera*)	大乔木	岸带	高大，树冠宽广，枝叶茂密，生长迅速；幼树树皮平滑，浅灰色，老时则深纵裂；叶互生；花期4~5月；果熟期8~9月。主根明显，侧根发达。喜光，喜深厚肥沃湿润的土壤，耐湿性强，但耐寒能力不强。常用于岸带绿化	
垂柳 (*Salix babylonic*)	乔木	岸带	高大，分布广泛，观赏价值较高。小枝细长下垂，淡黄褐色。叶互生，披针形或条状披针形。花期3~4月；果熟期4~6月。喜光，喜温暖湿润气候及潮湿深厚之酸性及中性土壤，较耐寒，特耐水湿。根系发达，生长迅速。常用于岸带绿化	

续表

植物名称	类型	适用区域	基本特点和习性	照片
水杉(*Metasequoia glyptostroboides*)	乔木	岸带	高大，树干基部常膨大和有纵棱，小枝对生，下垂，叶线形，交互对生，果下垂，近球形，花期2月下旬，球果11月成熟，根系发达。喜气候温暖湿润，不耐贫瘠和干旱。常用于岸带绿化	
杞柳(*S. Purpurea*)	乔木	岸带	树皮灰绿色，小枝淡黄色或淡红色，无毛，有光泽，芽卵形，尖，黄褐色，无毛，花期5月，果期6月。常生于山地河边、湿草地等。喜光、喜肥、抗涝。枝条生长旺盛。常用于岸带绿化	
夹竹桃(*Nerium indicum Mill.*)	大灌木	岸带	枝条灰绿色，叶3～4枚轮生，叶面深绿，聚伞花序顶，花冠深红色或粉红色，花果期几乎全年，夏秋为最盛。喜光喜温，耐寒力弱。常用于河岸带绿化	
常春藤(*Hedera nepalensis var. sinensis (Tobl.) Rehd*)	灌木	岸带	多年生常绿攀援灌木，气生根，茎灰棕色或黑棕色，光滑，单叶互生，叶柄无托叶有鳞片，花期9～11月，果期翌年3～5月。常用于岸带绿化	
竹(*Bambusoideae*)	草本	岸带	根状茎，群生，竹枝杆挺拔，修长，四季青翠，花期5月，果期10月。喜温暖湿润。常用于岸带绿化	
芭蕉(*Musa basjoo*)	草本	岸带	多年生常绿高大草本植物，植株高大似树，丛生，假茎，叶大型，长椭圆形，质厚，喜阳，耐半阴。喜温暖，不耐寒。常用于岸带绿化	

植物名称	类型	适用区域	基本特点和习性	照片
芦苇(Phragmites australis (Cav.) Trin. ex Steud)	挺水，草本	水边，岸带	植株高大，根状茎发达，秆直立，具20多节，基部和上部的节间较短，最长节间位于下部第4~6节。常生长于池沼、河岸、溪边浅水地区。常用于湿地和浮床以及水生植被重建	
美人蕉(Canna indica L.)	挺水，草本	水边，岸带	全株绿色无毛，大蕉叶，具块状根茎。地上枝丛生，单叶互生，具鞘状的叶柄，叶片卵状长圆形，花果期3~12月。喜光喜温，不耐寒。常用于湿地和浮床以及水生植被重建	
风车草(Cyperus alternifolius)	挺水，植物	水边，岸带	近圆柱形茎秆直立粗壮，丛生，上部较粗糙，下部包于棕色叶鞘之中，叶状苞片呈螺旋状向四面辐射呈伞状，花果期8~11月。常生于大湖、河流边缘的沼泽中。常用于湿地和浮床以及水生植被重建	
鸢尾(Iris tectorum Maxim.)	挺水，草本	水边，岸带	多年生宿根性直立草本，根状茎粗壮，花蓝紫色，蒴果长椭圆形或倒卵形，花期4~5月，果期6~8月。常生于沼泽、浅水中。常用于湿地和浮床以及水生植被重建	
千屈菜(Lythrum salicaria L.)	挺水，草本	水边，岸带	多年生宿根性草本，根茎横卧于地下，粗壮，茎直立，多分枝，全株青绿色，叶对生或三叶轮生，披针形或阔披针形，花红紫色或淡紫色，花期7~9月。常生于河岸、湖畔、溪沟边。常用于湿地和浮床以及水生植被重建	
再力花 (Thalia dealbata Fraser)	挺水，草本	水边，浅水区	多年生挺水花卉，块状根茎，根系发达，叶卵状披针形，浅灰蓝色，边缘紫色，花柄可高达2米，全株附有白粉。喜光不耐寒，适生于缓流和静水水域。常用于湿地和浮床以及水生植被重建	

续表

植物名称	类型	适用区域	基本特点和习性	照片
水芹(*Oenanthe javanica* (*Blume*) *DC*)	挺水，草本	水边，浅水区	多年水生宿根草本植物，茎直立或基部匍匐，叶片轮廓三角形，茎上部叶无柄，花期6~7月，果期8~9月。常生于浅水低洼地方或池沼、水沟旁。常用于湿地和浮床以及水生植被重建	
香根草(*Vetiveria zizanioides L.*)	挺水，草本	水边，岸带	多年丛生草本植物，根系发达，秆丛生，高1~2 m，中空，叶片条形，质硬，花期8~10月。喜生水湿溪流旁和疏松粘壤土上。常用于湿地和浮床以及水生植被重建	
梭鱼草(*Pontederia cordata L*)	挺水，草本	水边，浅水区	地茎叶丛生，圆筒形叶柄呈绿色，叶片较大，深绿色，叶呈倒卵状披针形，花果期5~10月。常生长于池塘、沟渠、湖沼靠岸浅水处或稻田、水沟中。常用于湿地和浮床以及水生植被重建	
空心菜(*Ipomoea aquatica*)	挺水，草本	水边，浅水区	又名蕹菜、藤藤菜、蓊菜、通心菜、无心菜、瓮菜、空筒菜、竹叶菜等。梗中心是空的。南方农村普遍栽培作蔬菜。喜高温、喜多湿、喜充足光照。常用于湿地和浮床以及水生植被重建	
香蒲(*Typha angustifolia*)	挺水，草本	水边，浅水区	又名水烛。多年生水生或沼生草本植物，根状茎乳白色，地上茎粗壮，向上渐细，叶片条形，叶鞘抱茎，花果期5~8月。常生于湖泊、池塘、沟渠、沼泽及河流缓流带。常用于湿地和浮床以及水生植被重建	
旱伞草(*Cyperus alternifolius*)	挺水，草本	水边，浅水区	又名风车草。喜温暖、阴湿及通风良好的环境，适应性强。沼泽的及长期积水地也能生长良好较耐寒冷。常用于湿地和浮床以及水生植被重建	

续表

植物名称	类型	适用区域	基本特点和习性	照片
水葱(*Scirpus validus*)	挺水，草本	水边，浅水区	多年生宿根草本植物，匍匐根状茎粗壮，秆高大，圆柱状，最上面一个叶鞘具叶片。叶片线形，花柱中等长，花序较大而疏散，鳞片棕色，小坚果倒卵形，双凸状，花果期6～9月。耐低温，可越冬。常用于湿地和浮床以及水生植被重建	
花叶芦竹(*Arundo donax var. versicolor*)	挺水，草本	水边	多年生宿根草本植物，具发达根状茎。秆粗大直立，叶片扁平，上面与边缘微粗糙，基部白色，抱茎，花果期9～12月。常生于河岸道旁、砂质壤土上。常用于湿地和浮床以及水生植被重建	
荷花(*Nelumbo SP.*)	挺水，草本	水中	多年生水生草本花卉，地下茎长而肥厚，有长节，叶盾圆形，果椭圆形，种子卵形，花期6～9月。常生于平静浅水、湖沼、池塘。常用于湿地和浮床以及水生植被重建	
菖蒲(*Acorus calamus L.*)	挺水，草本	水边	根状茎粗壮。叶基生，剑形，中脉明显突出，根茎毒性较大，花期6～9月。喜冷凉湿润气候，阴湿环境，耐寒，忌干旱。常生于水边、沼泽湿地或湖泊浮岛上。常用于湿地和浮床以及水生植被重建	
睡莲(*Nymphaea L.*)	浮叶，草本	水中	根状茎肥厚，圆柱形叶柄细长。叶椭圆形，浮生于水面，全缘，叶基心形，叶表面浓绿，背面暗紫，花期6～8月，果期8～10月。常用于湿地和浮床以及水生植被重建	
香菇草(*Hydrocotyle vulgaris*)	挺水，草本	水中，水边	铜钱状，植株具蔓生性，节上生根，草绿色，叶互生，具长柄，圆盾形，花期6～8月。喜光、耐阴耐湿、稍耐旱，不耐寒。常用于湿地和浮床以及水生植被重建	

续表

植物名称	类型	适用区域	基本特点和习性	照片
茭草	挺水，草本		又名高瓜、菰笋、菰手、茭笋，高笋。喜温，不耐寒、高温和干旱。根系发达，需水量多。常用于湿地和浮床以及水生植被重建	
狐尾藻(Myriophyllum verticillatum L.)	沉水，草本	水中，水边	多年生粗壮沉水草本，根状茎发达，节部生根，茎圆柱形，水上叶互生，披针形，较强壮，鲜绿色，裂片较宽，花期8～9月。喜温喜光，耐低温。常用于湿地和浮床以及水生植被重建	
金鱼藻(Ceratophyllum demersum L.)	沉水，草本	水中	茎细柔，有分枝。叶轮生，无柄，叶片2歧或细裂，裂片线状，具刺状小齿，花小，花期6～7月，果期8～10月。常群生于1～3m深的静水水域中。常用于生植被重建	
菹草(Potamogeton crispus L.)	沉水，草本	水中	茎扁圆形，具有分枝，叶披针形，先端钝圆，叶缘波状并具锯齿，具叶托，无叶柄，花果期4～7月。常生于池塘、湖泊、溪流中。常用于生植被重建	
苦草(Vallisneria natans (Lour.) Hara)	沉水，草本	水中	多年生无茎沉水草本，具匍匐茎，绿色，叶线形或带形，先端圆钝，边缘全缘，无叶柄，成舟形浮于水上，花期8～9月。常生于溪沟、河流、池塘中。常用于生植被重建	

后记

20世纪90年代中期，以史家樑、徐亚同为代表的华东师范大学科研小组应上海、广东等少数地区的需要，开始关注我国城市河道水环境污染及其治理。

2001年，受史家樑、徐亚同等教授之约，我来到华东师范大学工作，并参与了上海市绥宁河黑臭治理试验，由此开始了我在城市水体环境及其治理的从业生涯。

从2001年至今的15年来，从学徒到师傅，我在城市水体环境及其治理的研究和实践上始终坚持不懈，体验到不少的曲折和痛苦，也积累了些许的成果、经验与欣喜。由此成书，希望与同行们一起分享，并以期为我国的城市水体环境及其治理提供一点借鉴和参考。

基于"一方水土养一方人"的观点，我认为城市河湖水体环境问题的起因有外因和内因两个方面，其中，外因是城市河湖水体环境问题的驱动和主导因素，包括超量纳污、生态破坏、水文受损等等方面。

近30年来，在改革开放和全球化的过程中，我国实现了大规模和快速的工业化和城市化发展。随之，污染排放也使得我国城市生态环境不堪重负。这个大体量、快速度发展的阶段特征加上污染治理的"措手不及"，在城市水体环境上烙下了深深的印记：我国城市水体黑臭与富营养化等环境恶化和生态退化问题呈现由点到面、从局部到大范围的扩张趋势，对我国的城市形象、社会经济持续发展和人民健康造成了严重的负面影响。

在宏观层面上，我国城市水体环境问题的解决，既要借鉴于国外的经验和教训，也要立足于我国的现实国情，还要常抓不懈和持之以恒。在中观层面上，我国城市水体环境问题的解决需要以系统论作为决策和实施的依据。在微观层面上，我国城市水体环境问题的解决需要坚持"一水一策"的指导方针，以系统分析和诊断为基础、以因地制宜为原则，科学、合理地制定城市水体的环境治理方案。

令人欣喜的是，在决策、管理、科技、教育等多方面的共同努力下，我国城市水体环境治理在许多地区取得了良好的成效，从"望水生畏"到"择水而栖"的转变，不仅反映了我国政府治水的决心和力度，也给从业者以极大的鼓舞。

本书的成稿和出版，不仅凝结了编写人和出版方的辛劳，也得益于华东师范大学城市水体环境及其治理方面的陈振楼教授、杨凯教授、由文辉教授、达良俊教授、朱建荣教授、郑祥民教授等课题组近百名师生的工作成果。在此一并致谢。

黄民生

2016年8月于丽娃河畔